Adicción a la Pantalla

Por Qué no Puedes Colgar ese Teléfono

Sor Marysia Weber, RSM, DO, MA

En Route Books & Media, LLC
St. Louis, MO

ENROUTE
Make the time

En Route Books and Media, LLC
5705 Rhodes Avenue
St. Louis, MO 63109

Crédito de la Cubierta: TJ Burdick

ISBN-13: 978-1-956715-83-5
Número de Control de la Biblioteca
del Congreso: 2022946509

Traducido del inglés por: Carmen Lydia Martínez

DEDICATORIA

Este libro está dedicado a todas aquellas personas que buscan una manera de manejar más eficazmente las ansias compulsivas de sus vidas, que son dictadas por una sociedad impulsada por las redes sociales.

Estoy muy agradecida a Carmen Lydia Martínez por su labor en la traducción de este libro al español.

Tabla de Contenido

Prefacio

Las familias de Silicon Valley poseen un enigma muy interesante: los padres trabajan en empresas Fortune 500 desarrollando productos digitales para usuarios de todo el mundo. Sus hijos, por otro lado, van a escuelas en las que rara vez, si los hacen, se usan las pantallas. Usted, probablemente pensaría que estos programadores impulsados por la tecnología desearían que sus hijos fuesen bien versados en el código y el estudio en línea como lo son sus padres, pero la verdad es que ellos no quieren que sus hijos conozcan cómo usar dispositivos. Lo que sí desean es que conozcan cómo usar sus cerebros.

Uno de los padres más famosos que no permitió a sus hijos el uso de pantallas en el hogar no fue otro que Steve Jobs, el fundador de Apple. Cuando creó el teléfono inteligente, su única intención era combinar el uso de las herramientas de eficiencia cotidianas más necesarias en un solo dispositivo. Esto significaba para él, tener la habilidad de hablar por teléfono, escuchar música, enviar mensajes de texto, verificar el pronóstico del tiempo y ver la internet. Nunca quiso crear una tienda de aplicaciones porque no quería que programadores de terceras partes se infiltraran afectando su eficacia. Su tiempo era muy valioso.

Cuando en el año 2008 se lanzó la Apple App Store, Jobs permitió a regañadientes que la "Biblioteca de distracción" más grande ingresara al mundo digital. Lo que nadie adivinó fue cuánto afectaría esta invención a la vida real. Mas de diez años más tarde, nos estamos dando cuenta de que la revolución tecnológica no sólo trajo la libertad y la eficiencia que pensábamos, sino que ésta también nos puede esclavizar.

Hoy en día, el ser humano promedio pasa un poco más de tres horas y media en su teléfono inteligente. Cuando se añaden horas de otras pantallas alternas, el total aumenta de 8-10 horas, dependiendo del estilo de vida de cada persona. ¿El resultado? Nos pasamos la mayor parte de nuestra vida diaria con los ojos pegados a una pantalla y, durante esos pocos momentos en los que no estamos desplazándonos, buscando y publicando, nuestras mentes generalmente piensan en el mundo digital en lugar del mundo real que nos rodea. En resumen, nuestras mentes se han convertido en esclavas de la misma tecnología que crearon.

Somos seres sociales y, como tales, estamos conectados para relacionarnos unos con otros y con Dios. En el transcurso de varios milenios, nos hemos convertido en maestros de las señales no verbales y el diálogo lingüístico, y esto ha resultado en relaciones fuertes e íntimas con nuestro prójimo. Hemos florecido como comunidad humana al disciplinar nuestras mentes y convertir nuestros sueños en realidades concretas. Hemos llevado a un hombre a la luna, hemos curado una multitud de enfermedades e incluso hemos logrado compartir en los pensamientos de Dios a través de la oración contemplativa y la atención a la revelación divina.

En este libro, *Adicción a la Pantalla: "Por qué no Puede Colgar ese Teléfono"*, Sor Marysia ha reunido un magnífico tratado contra la amenaza que se avecina y que intenta sobrepasar nuestras habilidades mentales de imaginar, crear, contemplar y de relacionarnos con nuestros hermanos y hermanas en Cristo. Al mismo tiempo, analiza la investigación fisiológica y psicológica actual en torno a la adicción a la pantalla y combina las verdades teológicas y filosóficas atemporales de la fe católica en una lectura que es fácil de entender.

Mucho antes de la amenaza de las distracciones digitales, los hombres y las mujeres podían asimilar mejor el pensamiento mental con las realidades naturales y metafísicas que los rodeaban. El libro de Sor Marysia tiene como objetivo devolver las mentes del pueblo de Dios a ese estado, sin sacrificar la utilidad y provecho que las pantallas nos pueden proporcionar. Es en nuestro propio beneficio el leer este libro atentamente de manera que podamos protegernos de las máquinas que han secuestrado nuestros períodos de atención, han paralizado nuestro sentido de pertenencia y han debilitado nuestra capacidad de contemplar el ámbito espiritual.

La tecnología no es la gracia salvadora que hace 10 años pensábamos que sería. Claro está, eso lo sabemos ahora. Lo que aún nos queda por descubrir es de qué manera estos dispositivos pueden ser mejor utilizados para que así podamos lograr nuestro único propósito en la vida, el cual es nada más y nada menos que nuestra salvación.

TJ Burdick, autor de *Detached: Put Your Phone in its Place* y fundador de Signum Dei, Catholic Learning Communities, en https://signumdei.com/

Introducción

¿Alguna vez ha sentido la urgencia irresistible de revisar sus mensajes de texto, publicaciones en los medios sociales o sus emails cada vez que su celular suena? ¿Está aumentando el tiempo que pasa con su celular? ¿Envía textos, accede a las redes sociales o abre sus emails mientras maneja? ¿Se ha encontrado, muchas veces sin pensarlo, revisando su celular aun cuando sabe que probablemente no hay nada nuevo o importante que ver? ¿Qué tiene esa relación con los celulares que nos lleva a querer ingresar y revisarlos a menudo durante el día? ¿Estamos realmente conscientes de cuántas veces hacemos eso?

En una encuesta reciente se comprobó que los americanos revisan sus teléfonos 47 veces al día, y que el 50 por ciento los revisa en medio de la noche. Aquellos entre 18 y 24 años revisan sus teléfonos 82 veces al día, y 75 por ciento de ellos revisan sus teléfonos en medio de la noche.[1]

¿Y qué pasa con nuestros jóvenes? ¿Cuánto tiempo están pasando en sus dispositivos? Aunque los estimados

---

[1] Deloitte, 2016 Global Mobile Consumer Survey: US Edition; The market-creating power of mobile, 2016.

varían, la Fundación de la familia Kaiser informa que el promedio de niños entre los 8 a 10 años pasa casi ocho horas usando varios dispositivos digitales mientras que los adolescentes pasan unas once horas en frente de las pantallas.[2] Ésto, es más tiempo que cualquier otra cosa que hacen, incluyendo dormir.

Este aumento de horas en el uso del celular, ¿está teniendo efectos en nuestro bienestar? Las investigaciones nos dicen que la respuesta a esta pregunta es un estruendoso ¡Sí! El tiempo excesivo de pantalla está contribuyendo a un aumento de ansiedad, depresión, déficit de atención y baja autoestima, por mencionar algunos.[3] También se ha observado retrasos en el

---

[2] Henry J. Kaiser Family Foundation, Generation M2: Media in the Lives of 8- to 18-Year-Olds, January 2010.

[3] Y. J. Kim, H. M. Jang, Y. Lee, D. Lee, D. J. Kim. Effects of Internet and Smartphone Addictions on Depression and Anxiety Based on Propensity Score Matching Analysis. Int J Environ Res Public Health. 2018 Apr 25;15(5).

desarrollo del lenguaje y las habilidades sociales en niños pequeños.[4,5]

La Sección 1 ofrece una visión general sobre los efectos psicosociales que están teniendo los medios digitales en niños y en adultos. La Sección 2 examina la adicción a la pantalla y los juegos en línea. También ofrece varias sugerencias y recursos para abordar los efectos perjudiciales que el uso excesivo de los medios electrónicos está teniendo en algunas personas.

La Sección 3 examina la adicción a la pornografía en Internet y el tratamiento. La Sección 4 se concentra en algunas de las aplicaciones digitales más populares y en los sitios web más usados por adolescentes y lo que los padres necesitan saber de modo que puedan proveer protección y seguridad para sus hijos. La Sección 5 examina la pregunta, "¿Nos hacen más inteligentes los medios electrónicos?" La Sección 6, brevemente, muestra nueva investigación que involucra al genio humano en la creación de aplicaciones que promueven la salud

---

[4] H.L. Kirkorian, K. Choi, T. A. Pempek, Toddlers' word learning from contingent and noncontingent video on touch screens. Child Dev.2016;87(2):405–413.

[5] Jenny S. Radesky, Dimitri A. Christakis, Increased Screen Time Implications for Early Childhood Development and Behavior *Pediatr Clin N Am* 63 (2016) 827–839.

neurocognitiva. Se proporciona una descripción del estudio gubernamental más grande en curso, el cual seguirá a los niños hasta la edad adulta para obtener un mejor entendimiento de la interacción entre las experiencias de la niñez y el uso de pantallas. La Sección 7 describe la neurobiología de la felicidad como ingrediente necesario para un crecimiento y desarrollo saludable. Los apéndices contienen tres folletos o guías de discusión — una para los padres, una para jóvenes adultos y una para adolescentes con preguntas propias de la edad, consejos, sugerencias y recursos. Los folletos o guías también pueden ser descargados en https://enroutebooks.com/adiccionalapantalla/ individualmente para ser usados por varios grupos. Además, hay un enlace en el sitio web y en los apéndices que lleva a un vídeo breve, de unos cinco minutos y medio, sobre la adicción a la pantalla para ayudar a centrar la discusión.

Sección 1

La Juventud y los Medios—¿Cuándo comienza el uso digital y sobre todo, realmente importa?

Los bebés gravitan naturalmente hacia los medios móviles en el hogar. A menudo, observan a sus padres usando dispositivos móviles. El parpadeo de la pantalla llama su atención. Descubren accidentalmente que tocar las pantallas facilita a más encuentros con el medio. Según un estudio hecho por la Academia Americana de Pediatría, hoy los niños comienzan a interactuar con los medios digitales a los 4 meses de edad. El 44% de niños menores de un año, usan diariamente un dispositivo móvil ya sea para participar en juegos, ver vídeos o conectarse a aplicaciones. Este porcentaje aumenta a un 77% en niños de dos años de edad.[6]

---

[6] J. S. Radesky, M. Silverstein, B. Zuckerman, D. A. Christakis, Infant self-regulation and early childhood media exposure. *Pediatrics.* 2014 May;133(5):e1172-8. doi: 10.1542/peds.2013- 2367. Y. L. Reid Chassiakos, J. Radesky, D. Christakis, et al., AAP Council on Communications and Media. Children and Adolescents and Digital Media. Pediatrics. 2016;138(5): e20162593. H. K. Kabali, M. M. Irigoyen, R.

Otro estudio demostró que niños de edad preescolar que fueron expuestos prematuramente a los medios en la infancia exhiben retrasos en el lenguaje. De hecho, niños menores de dos años que interactúan con pantallas hablan tarde y menos.[7] Pierden las señales sociales no verbales porque no se les ha enseñado a prestar atención a ellas. La competencia social incluye aprender a interpretar señales

---

Nunez-Davis, et al. Exposure and use of mobile media devices by young children. *Pediatrics.* 2015;136(6):1044–1050. G. Geng and L. Disney, "A Case Study: Exploring Video Deficit Effect in 2-Year-Old Children's Playing and Learning with an iPad," Proceedings of the 21st International Conference on Computers in Education 2013. http://espace.cdu.edu.au/view/cdu:40222.

[7] Zimmerman et al, Associations between media viewing and language development in children under age 2 years. *J Pediatr.* 2007;151(4):364–368; H. Duch, E. M. Fisher, I. Ensari, A. Harrington, Screen time use in children under 3 years old: a systematic review of correlates, *Int J Behav Nutr Phys Act.* 2013 Aug 23;10:102. doi: 10.1186/1479-5868-10-102. Review; G. Geng and L. Disney, "A Case Study: Exploring Video Deficit Effect in 2-Year-Old Children's Playing and Learning with an iPad," Proceedings of the 21st International Conference on Computers in Education 2013. http://espace.cdu.edu.au/view/cdu:40222 y ver también https://pediatrics.aappublications.org/content/138/5/e20162591#ref-32

sutiles en el lenguaje del cuerpo y la expresión del rostro.[8] Los lingüistas nos dicen que muy poco de un mensaje que tenga que ver con actitudes y con sentimientos se comunica con palabras. Más bien, 38% se comunica a través del tono de voz y la pausa en el hablar, 55% se comunica a través de los movimientos del cuerpo y expresiones faciales y, sólo un 7% llega a través de palabras reales.[9]

La Academia Americana de Pediatría también encontró que niños pequeños con exposición temprana a dispositivos electrónicos tienen mayor dificultad con resolución de conflictos. Niños crónicamente hiper-activos se vuelven defensivos al practicar juegos. A menudo son malos perdedores, y este comportamiento se

---

[8] R. Pea et al., "Media Use, Face-to-Face Com-munication, Media Multitasking, and Social Well-Being among 8- to 12-Year- Old Girls," *Developmental Psychology* 48, no. 2 (March 2012): 327-36, doi:10. I037/aoo27030; C. Rowan, "The Impact of Technology on the Developing Child," Huffington Post, May 29, 2013. https://www.huffpost.com/entry/technology-children-negative-impact_n_3343245

[9] Mehrabian's Communication Theory: Verbal, Non-Verbal, Body Language. https://www.businessballs.com/communication-skills/mehrabians-communication-theory-verbal-non-verbal-body-language/

demuestra, no sólo en línea, pero también en el campo de juego.[10] Muestran pocas lágrimas irritabilidad y, en ocasiones, hasta derrumbes emocionales o agresión.[11]

No es sorprendente, que cuando estos niños están en grado escolar, los maestros describen una disminución en el rendimiento escolar.[12] Esto incluye la calidad de la

---

[10] J.S. Radesky, M. Silverstein, B. Zuckerman, D. A. Christakis. Infant self-regulation and early childhood media exposure. *Pediatrics.* 2014;133(5). https://pediatrics.aappublications.org/content/133/5/e1172. Y. Reid Chassiakos, J. Radesky, D. Chris-takis, et al., AAP COUNCIL ON COMMUNICATIONS AND MEDIA. Children and Adolescents and Digital Media. *Pediatrics.* 2016;138(5): E20162593; American Academy of Pediatrics, Council on Communications and Media. Virtual violence statement. *Pediatrics.* 2016; 138(1). https://pediatrics.aappublications.org/content/138/2/ e20161298

[11] The American Academy of Pediatrics, Council on Communications and Media. Virtual violence statement. *Pediatrics.* 2016;138(1). https://pediatrics.aappublications.org/content/138/2/e20161298

[12] S. Tang, & M. E. Patrick. (2018). Technology and interactive social media use among 8th and 10th graders in the U.S. and associations with homework and school grades. *Computers in Human Behavior,* 86, 34-44. dx.doi.org/10.1016/j.chb.2018.04.025.

comunicación escrita.[13] Los mismos niños describen estar aburridos cuando leen un libro, y algunos hasta describen un sentimiento de soledad o aislamiento. Niños en aulas dónde el uso de celulares es permitido a menudo describen estar más interesados en mirar sus teléfonos que en prestar atención a sus maestros.

Un estudio sobre la empatía mostró también una baja significativa en los puntajes de empatía en los estudiantes universitarios después del año 2000. Esta caída está en línea con la primera generación de niños que nacieron en la era de los videojuegos y las computadoras.[14]

---

[13] Y. Reid Chassiakos, J. Radesky, D. Christakis, Zimmerman et al, Associations between media viewing and language development in children under age 2 years. *J Pediatr.* 2007;151(4):364–368 et al., AAP Council on Communications and Media. Children and Adolescents and Digital Media. Pediatrics. 2016;138(5): E20162593.

[14] S. H. Konrath, E. H. O'Brien, and C. Hsing, "Changes in Dispositional Empathy in American College Students Over Time: A Meta-Analysis," *Personality and Social Psychology Review* 15, no. 2 (May 1, 2011): 180-98, doi:10.II77/ 10888683I0377395.

Condiciones comunes de salud mental asociadas con el uso excesivo de dispositivos electrónicos

Una enfermedad moderna que afecta a dos tercios de toda la la población norteamericana hoy día es la falta crónica de sueño. Este aumento viene a raíz de los teléfonos celulares, dispositivos electrónicos y otros dispositivos emisores de luz. La participación excesiva en los medios de pantalla perjudica la calidad de sueño y el funcionamiento circadiano. Ésto, a su vez, está asociado con mala memoria, irritabilidad, bajo rendimiento escolar o laboral. La luz azul del spectrum de la pantalla del teléfono celular hace que el cerebro piense que todavía es de día y evita que la glándula pineal libere la ayuda natural del cuerpo para dormir, la melatonina.[15]

Las encuestas de personas que usan sus teléfonos revelaron que el 65% de los adultos duermen con sus

---

[15] R. Salti, R. Tarquini, S. Stagi, et al. Age-dependent association of exposure to television screen with children's urinary melatonin excretion, Neuroendocrinal. Lett. 2006;27(1-2):73–80. https://scientificamerican.com/ article/blue-leds-light-up-your-brain/

teléfonos así como todos los adolescentes lo hacen.[16] Las redes sociales son lo último que los adolescentes revisan en sus teléfonos antes de irse a dormir y lo primero que revisan cuando despiertan. Aunque hay nuevas pantallas que no emiten la luz azul del spectrum, el sueño es aún interrumpido por quedarse despierto hasta tarde publicando fotos en Snap-chat e Instagram y por estar respondiendo a mensajes de texto o publicaciones de Facebook que llegan durante la noche, reduciendo así el tiempo total de sueño. Alude a un 75% de jóvenes entre 18-24 años que revisan sus teléfonos en medio de la noche. Un metaanálisis sobre el uso de dispositivos electrónicos entre niños pequeños demostró problemas similares con la falta de sueño.[17]

---

[16] J.C. Levenson, A. Shensa, J. E. Sidani, J. B. Colditz, B. A. Primack. The association between social media use and sleep disturbance among young adults. *Pre. Med.* 2016;85:36-41.

[17] E.M. Cespedes, M. W. Gillman, K. Kleinman, S. L. Rifas-Shiman, S. Redline, E. M. Taveras. Television view-ing, bedroom television, and sleep duration from infancy to mid-childhood. *Pediatrics.* 2014;133(5). http://pediatrics.aappublications.org/content/ 133/5/e1163; and Bruni O, Sette S, Fontanesi L, Baiocco R,Laghi F, Baumgartner E. Technology use and sleep quality in preadolescence and adolescence. *J Clin Sleep Med.*2015;11(12):1433–1441.

Cuando se les pregunta a los adolescentes por qué llevan sus teléfonos a la cama, responden usando el idioma de adicción: "No sé, simplemente no lo puedo evitar." Otros describen sus teléfonos como una extensión de sus cuerpos—o casi como a un enamorado "Tener mi teléfono más cerca mientras duermo es un consuelo."[18]

En el 2017, el estudio de la Asociación Americana de Psicología demostró que mientras más las personas revisan sus dispositivos electrónicos, más describen sentirse "estresadas". La generación millennial describió "sentirse estresada" más a menudo que las generaciones que le precedían.[19] Un porcentaje aún mayor de adolescentes se describen a sí mismos más ansiosos cuanto más frecuentemente revisan sus teléfonos.[20] En

---

[18] J. M. Twenge, iGen: Why today's super-connected kids are growing up less rebellious, more tolerant, less happy—and completely unprepared for adulthood (New York: ATRIA Books, 2017), p. 50.

[19] American Psychological Association. "Stress in America: The State of our Nation." (Nov. 1, 2017.) https://apa.org/news/press/releases/stress/2017/state-nation.pdf

[20] J. M. Twenge, Have smartphones destroyed a generation? *The Atlantic.* (Sept. 2017.) https://www.theatlantic.com/magazine/archive /2017/09/has-the-smartphone-destroyed-a-generation/ 534198/

resumen, aquellos que pasan más tiempo en sus teléfonos accediendo a las redes sociales, juegos, mensajes de texto y vídeo chat exhibieron más ansiedad que aquellos que practicaron deportes, o participaron en otras actividades físicas al aire libre, asistieron a servicios religiosos e interactuaron cara a cara con otros.[21]

Los dispositivos electrónicos también han generado una nueva neurosis en el Siglo XXI: "FOMO," o "miedo a perderse de algo".[22] A pesar de todo el poder de vincular a las personas día y noche, las redes sociales han exacerbado una vieja preocupación, especialmente entre adolescentes a sentirse excluidos. Los adolescentes de hoy pasan menos tiempo juntos, pero cuando se congregan, documenta sobre sus lugares de reunión en Snapchat, Instagram o

---

[21] J. Anderson and L. Rainie. The negatives of digital life. Pew Research Center. https://www.pewinternet.org/2018/07/03/the-negatives-of-digital-life/

[22] C.A. Wolniewicz, M. F. Tiamiyu, J. W. Weeks, J. D. Elhai, Problematic smartphone use and relations with negative affect, fear of missing out, and fear of negative and positive evaluation. Psychiatry Res. 2018 Apr;262:618-623; E. Wegmann, U. Oberst, B. Stodt, M. Brand, Online-specific fear of missing out and Internet- use expectancies contribute to symptoms of Internet-communication disorder, Addict Behav Rep. 2017 Apr 14;5:33-42. doi: 10.1016/j.abrep.2017.04.001.

Facebook, y aquellos que no fueron invitados se dan cuenta de ésto de manera intensa y sienten que se están perdiendo de algo.

Este temor a perderse de algo afecta la autoestima y produce sentimientos de insuficiencia. Los datos de las encuestas son contundentes: El número de adolescentes que reportó "Siento que no puedo hacer nada bien" se acercó a un máximo histórico después de 2011 en estudiantes de 8vo, 10mo y 12do grados.[23] Las redes sociales pueden bien tener un papel en estos sentimientos de frustración. Sabemos que los adolescentes son más propensos a publicar solamente sus éxitos en línea. Los que revisan sus publicaciones en las redes sociales, no se dan cuenta de que sus amigos también fracasan en las cosas—un hecho que probablemente encontrarían si pasaran más tiempo compartiendo personalmente con sus amigos.

¡Tanto, en una corta década, han cambiado estos dispositivos nuestra cultura global! Es probable que la presencia constante de los celulares afecte a los

---

[23] J. M. Twenge, iGen: Why today's super-connected kids are growing up less rebellious, more tolerant, less happy—and completely unprepared for adulthood (New York: ATRIA Books, 2017), p. 100.

adolescentes hasta su edad adulta. La depresión y la ansiedad tienen muchas causas y claramente, demasiada tecnología no es la única. Sin embargo la proporción de adolescentes que sufren de depresión y cometen suicidio, ha aumentdo vertiginosamente desde 2008.[24] No hay un factor único que defina a una generación, pero la llegada de los, celulares la herramienta principal de los adolescentes para acceder sus redes sociales, ha contribuido a una "tormenta perfecta" de una magnitud nunca antes vista. Lo que está en juego no es solo cómo las personas experimentan la adolescencia sino también cómo experimentarán su vida adulta. Los psiquiatras saben que las personas que sufren un episodio de depresión tienen un 50% más de probabilidades de deprimirse más adelante en la vida.[25]

Algunas de estas observaciones hechas en adolescentes y niños pequeños han llevado a los investigadores

---

[24] Center for Disease Control and Prevention. Mortality Data. National Vital Statistics System. https://www.cdc.gov/nchs/nvss/deaths.htm

[25] S. Burcusa and W. Iacono. Risk for recurrence in depression. *Clinical Psychology Review*. 2007 Dec; 27(8): 959–985. Published online 2007 Mar 3. doi: 10.1016/j.cpr.2007.02.005 https://www.ncbi.nlm.nih.gov/pmc/articles/PMC2169519/

a seguir más de cerca el comportamiento generacional y los cambios de actitud en las últimas décadas.

Las personas nacidas entre 1965 y 1979, a menudo conocidas como Generación X, exhibieron la cualidad cualidad de valorar la independencia. Al llegar a escuela secundaria, estos individuos fueron a obtener sus licencias de conducir lo antes posible. Incluso, hicieron citas con el Departamento de Vehículos de Motor (DMV) para el día antes de cumplir los 16 años.[26] Para los adolescentes del Gen X, la actividad de adquirir sus licencias de conducir les permitió explorar la libertad recién descubierta de escapar de los confines de la casa y el vecindario de sus padres.

No así para los iGens, o para la Generación Z. Los iGens son la la generación post-millenial nacida entre 1997 y 2015. Una encuenta de iGens demostró que más de uno de cada cuatro adolescentes no tiene licencia de conducir al final de la escuela secundaria.[27] Los iGens se describen a sí mismos como menos propensos a

---

[26] J. M. Twenge, iGen: Why today's super-connected kids are growing up less rebellious, more tolerant, less happy—and completely unprepared for adulthood (New York: ATRIA Books, 2017), p. 26.

[27] Ibid., p. 28.

abandonar su hogar porque se sienten muy cómodos en sus habitaciones.[28] Sus vidas sociales se viven en sus teléfonos, por lo que no necesitan dejar el hogar para pasar tiempo con amigos. De hecho, el número de adolescentes que hoy día pasan tiempo juntos cara a cara se redujo en un 40% en comparación con aquellos que fueron adolescentes alrededor del año 2000.[29] Las pistas de patinaje, los campos de minigolf, las piscinas de la ciudad y los callejones de enamorados (local necking spots) han sido todos remplazados por espacios virtuales.

Los iGens es la generación que con mayor frecuencia visita sitios de redes sociales y, paradójicamente, más a menudo está de acuerdo con las siguientes observaciones, "muchas veces me siento solo" o "a menudo me siento excluído de cosas" y "muchas veces quisiera tener más buenos amigos".[30]

---

[28] D. Rupple, "iGen teens shaped by technology," MasterMedia International (July 12, 2018) http://www.mastermediaintl.org/igen-teens-shaped-by-technology/

[29] Social media causes isolation in teens. Roanoke Area Youth Substance Abuse Coalition. https://raysac.org/2018/03/20/social-media-causes-isolation-in-teens/

[30] V. Manning-Schaffel, Americans are lonelier than ever, but GenZ may be the loneliest. NBC News: Better. (May 14,

Los sentimientos de soledad de los adolescentes aumentaron en el 2013 y se han mantenido altos desde entonces.[31] Desde luego, esto no prueba que los adolescentes que pasan más tiempo en línea están más solos que los que pasan menos tiempo.

Sin embargo, en comparación con los milenios y las generaciones anteriores, la soledad es descrita por los iGens como una experiencia más común. Ésto se atribuye en parte, debido a sus interacciones cara a cara menos frecuentes y al aumento de las experiencias posteriores de Miedo a Perderse de Algo (FOMO - Fear of Missing Out).

Más sobre las condiciones de salud mental relacionadas con el uso excesivo de teléfonos celulares

Sexting (Sexteo o Sextear)

El envío de mensajes o imágenes sexualmente explícitos por teléfono celular Entre las conductas

---

2018.) https://www.nbcnews.com/better/pop-culture/americans-are-lonelier-ever-gen-z-may-be-loneliest-ncna873101

[31] J. Ducharme, Depression has spiked by 33% in the last five years, a new report says. *Time.* (May 10, 2018) http://time.com/5271244/major-depression-diagnosis- spike/

preocupantes con consecuencias potencialmente más dañinas por el uso excesivo de teléfonos celulares se en cuentra el sexting (sexteo).[32] Se estima que el 22% de jóvenes adolescentes y un 18% de niños adolescentes haya enviado o publicado una foto de ellos mismos semidesnudos.[33] Desafortunadamente, con la edad madura, estos números aumentan significativamente: el 36% de las mujeres entre las edades de 20 a 26 años han publicado una foto o video de ellas mismas desnudas o semidesnudas y un 31% de los hombres adultos lo han hecho.[34] Esta tendencia indica que, al entrar en los años de la madurez cronológica, los adultos jóvenes de hoy están sexteando más a menudo que en sus años de adolescencia.

Los adolescentes y jóvenes adultos quizás no comprendan las consecuencias de sus acciones. El sexteo (sexting) se convierte en un problema legal cuando los

---

[32] J. R. Temple, V. D. Le, P. van den Berg, Y. Ling, J.A. Paul, B.W. Temple. Brief report: Teen sexting and psychosocial health. *J Adolesc.* 2014;37(1):33–36.

[33] Sex and tech: Results from a survey of teens and young adults. Cosmogirl.com. https://powertodecide.org/sites/default/files/resources/primary-download/sex-and-tech.pdf

[34] Sexting statistics. Statistic Brain Research Institute. (April 26, 2017.) https:// www.statisticbrain.com/sexting-statistics/

adolescentes menores de 18 años están involucrados porque cualquier foto que pudieran enviar de ellos mismos desnudos coloca al destinatario en posesión de pornografía infantil.

Consideremos este ejemplo:[35] El caso comenzó cuando una joven de 8vo grado de la Escuela Intermedia Montessori de Kentucky sufría de anorexia y tuvo que trasladarse a un centro de tratamiento en Arizona. Después de dos meses en las instalaciones del Remuda Ranch, regresó a Kentucky para terminar el año escolar.

Poco después de haber regresado a casa, ahora con 14 años, se enamoró de un niño, también de 14 años. Ambos asistían a la misma escuela, Lexington Catholic High School, durante el otoño como estudiantes de primer año. Según la joven, el muchacho pronto hizo varias llamadas a la joven diciéndole que creara un vídeo usando su propio teléfono que la mostrara 'complaciéndose a sí misma', un vídeo que el muchacho dijo usaría cuando se masturbara". Al principio la joven se negó, pero el

---

[35] N. Anderson, 14-year old child pornographers? Sexting lawsuits get serious. *Ars Technica* (March 5, 2011) https://arstechnica.com/tech-policy/2011/03/14-year-old-child-pornographers-sexting-lawsuits-get-serious/

muchacho le dijo que sin el vídeo "él no sería más su amigo en Lexington Catholic High School".

Esto continuó por un tiempo, con el muchacho mandando mensajes de texto a la joven en los que le prometía mantener en secreto el vídeo sexualmente explícito." La joven se rindió. Según la joven, fue "finalmente forzada, seducida y persuadida" a producir un vídeo clip de 8-10-segundos de ella masturbándose, el cual mandó al muchacho usando su propio celular. Sólo unas pocas semanas dentro del año escolar, el muchacho fue convencido por uno de sus amigos a transferir el vídeo del teléfono celular a la computadora. De ahí, sólo bastaba un pequeño paso para subir el corto clip a la internet, con resultados esperados.

El vídeo fue "subido por los estudiantes de Lexington Catholic High School a sus iPods para compartir el contenido sexual explícito con los más estudiantes posible de Lexington Catholic High School". Estudiantes de otras tres escuelas secundarias locales vieron el vídeo y comenzaron a llamar a la joven en el vídeo "prostituta, 'asquerosa' y la 'reina del porno' ".

La madre de la joven fue a la policía. Pero nada salió de la investigación porque la joven "podría verse siendo tan culpable como el muchacho de haber producido y distribuido pornografía infantil".

La joven afirmó haber sido "sometida a una rutina diaria de acoso" y que sufría de "depresión, ansiedad, angustia mental, vergüenza y estrés extremo".

Finalmente, se le aconsejó, por su propio bienestar físico y mental, que terminara la escuela secundaria en otro lugar. La historia es innegablemente horrible. Más aún si uno considera la vulnerabilidad psicológica existente de la joven. ¿Pero, violó alguien la ley? Y, de ser así, ¿cuál ley fue violada?

La jueza principal federal para el Distrito Este de Kentucky (Jueza Jennifer Coffman) declaró: "Los [F]iscales han comenzado a presentar cargos contra menores en virtud de los estatutos de pornografía infantil en casos de sexting alrededor del país, de acuerdo a ley de explotación sexual que aplica a todas las personas, independientemente de su edad o igualdad social. Por estas razones, niños de 14 años de hecho pueden explotar sexualmente a a otros niños y ser considerados responsables por esa explotación".

Las autoridades civiles están luchando con la complejidad del sexting y cuándo, en qué momento, la ley debe involucrarse esos casos. Considere lo siguiente (mencionado por la Jueza Coffman quien presidió la audiencia judicial citada anteriormente):

- "En Massachusetts, la policía estaba considerando levantar cargos criminales luego de que una niña de 8vo grado enviara fotos de ella a su novio y éste vendiera las imágenes a otros niños for $5".
- "En Virginia, dos estudiantes varones de secundaria, de 15 y 18 años, fueron acusados de posesión de pornografía infantil y prostitución por imágenes de desnudos y semidesnudos de niñas menores de edad guardadas en sus teléfonos celulares, las cuales intercambiaban entre sí".
- En Florida, "[U]n estudiante de último año de secundaria de 18 años que había roto recientemente con su novia envió un correo electrónico con imágenes de desnudos que ella le había enviado originalmente a él por correo electrónico a todos los que estaban en la lista de contactos de ella. Fue condenado bajo la ley estatal de pornografía infantil y se le exigió que se registrara como delincuente sexual".
- "En Wisconsin, [un] joven de 17 años fue acusado de posesión de pornografía infantil después de publicar en línea fotos con comentarios burdos de su exnovia de 16 años desnuda".

- "También en Wisconsin, un joven de 18 años, fue sentenciado a 15 años de prisión por un plan de extorción en el que engañó a sus compañeros de clase varones a que le enviaran fotos de ellos desnudos y luego los chantajeó con exponerlos si no tenían relaciones sexuales con él."

Claramente, el sexting es complicado cuando las imágenes llegan a la internet, o cuando se trata de extorción, coerción y pago. Independientemente de su intención original, esos vídeos y fotos pueden proveer un lugar para atraer hacia la pornografía infantil.

Una vez en la internet, cualquier material es casi imposible de eliminar. Sexting, textear y otros comportamientos similares pueden aparecer años más tarde para perseguir a un solicitante de universidad o posible empleado. Cada vez más universidades revisan los perfiles en línea en búsqueda de la idoneidad de un solicitante o por señales graves de alerta gigantes por falta de criterio.

Acoso Cibernético

El acoso cibernético también va en aumento. Un 20 a 40% de adolescentes reportan haber sido víctimas de acoso cibernético y 25% ellos repetidamente.[36] Adoles que son acosados cibernéticamente a menudo dicen que es casi imposible escaparse de sus verdugos. Contrario a los fanfarrones que se presentan en persona, puede ser imposible evadir a un verdugo cibernético a menos que los adolescentes abandonen el uso de sus teléfonos por completo, algo que generalmente no están dispuestos a hacer.[37] Más del 50% de los adolescentes no les dice a sus padres que son víctimas de acoso cibernético.[38] Muchos de estos adolescentes no sólo sufren de depresión y

---

[36] S. Cook, Cyberbullying facts and statistics 2016-2018. Comparatech. (November 12, 2018.) https://comparitech.com/internet-providers/cyberbullying-statistics/

[37] J. Raskauskas, A. D. Stoltz, Involvement in traditional and electronic bullying among adolescents. *Dev Psychol.* 2007;43(3):564–575.

[38] S.K. Schneider, L. O'Donnell, A. Stueve, R.W. Coulter. Cyberbullying, school bullying, and psycho-logical distress: a regional census of high school students. *Am J Public Health.* 2012;102(1):171–177. McDougall P, Vaillancourt T. Long-term adult outcomes of peer victimization in childhood and adolescence: Pathways to adjustment and maladjustment. Am Psychol. 2015;70(4): 300–310.

ansiedad, pero también corren mayor riesgo de lesionarse a sí mismos y de comportamientos suicidas.[39]

Sex-trafficking

(Trata de Blancas o Tráfico de Personas) – Negocio ilegal de reclutar, albergar, transportar, obtener o proporcionar a una persona, y especialmente a un menor con fines sexuales.

Las redes sociales también han aumentado la incidencia del tráfico de menores con fines sexuales. Los depredadores tienen acceso a niños y adolescentes a través de redes sociales, salas de chat, correo electrónico y juegos en línea. La mayoría de las víctimas tiene entre 13 y 17 años.[40] La trata o tráfico de personas es una industria en

---

[39] A. John, A. C. Glendenning, A. Marchant, P. Montgomery, A. Stewart, S. Wood, K. Lloyd, and K. Hawton. Self-harm, suicidal behaviors and cyberbullying in children and young people: systematic review. *J Med* Internet Res. 2018 Apr 19;20(4).

[40] T. Swarens. Who buys a trafficked child for sex? Otherwise ordinary men. *USA Today Network*. https://www.usatoday.com/story/opinion/nation-now/2018/01/30/sex-trafficking-column/1073459001/

crecimiento detrás de las drogas y las armas.[41] Es importante educar a los adolescentes sobre cómo protegerse de la explotación. Backpage ha sido un sitio frecuentado para la trata o tráfico de personas y uno muy difícil de eliminar del espacio cibernético.

Finalmente, en abril, 2018, Ferrer, Director Ejecutivo de Backpage admitió conspiración, lavado de dinero y de contribuir a la prostitución. Recibió un sentencia de cinco años de cárcel.[42] Durante este mismo período, el Presidente Trump firmó dos proyectos de ley para combatir la trata o tráfico de personas en línea.[43]

---

[41] J. Greenberg, Yes, human trafficking ranks no. 3 in world crime. *Politifact.* (July 26, 2016.) https://www.politifact.com/truth-o-meter/statements/2016/jul/26/amy-klobuchar/yes-human- trafficking-ranks-3-world-crime/

[42] U.S. Department of Justice, Backpage's co-founder and CEO, As well as several backpage-related corporate entities, enter guilty pleas. *Justice News.* (April 12, 2018.) https://justice.gov/opa/pr/backpage-s-co-founder-and-ceo-well-several-backpage-related-corporate-entities-enter- guilty

[43] H.R.1865 - Allow states and victims to fight online sex trafficking act of 2017. (April 11, 2018.) https://www. bill/115th-congress/house-bill/1865

Sección 2

Adicción a la Pantalla

¿Existe tal cosa?

En los años 50, dos neuropsicólogos, Peter Milner y James Olds, descubrieron accidentalmente que implantando electrodos en una parte específica del cerebro de una rata y la unión del electrodo con una barra de metal, resultó en la rata presionando la barra más de 7,000 veces en 12 horas. La rata no comía ni se relacionaba con otras ratas. Este comportamiento repetitivo sólo cesó cuando la rata murió de agotamiento. Investigaciones adicionales de Milner y Olds resultaron en el descubrimiento de que la parte del cerebro dónde el electrodo fue puesto, regulaba el placer. Más adelante llamaron a esta parte del cerebro "centro de placer".[44] Entonces, la pregunta obvia para los neurocientíficos y especialistas en adicción fue, "¿pueden algunos comportamientos humanos activar el centro de

[44] J. Olds, & P. Milner. (1954). Positive reinforcement produced by electrical stimulation of septal area and other regions of rat brain. *Journal of Comparative and Physio-logical Psychology*, 47(6), 419-427.

placer y crear una adicción?" Con la llegada de la internet de alta velocidad, el teléfono celular y las redes sociales, la respuesta a esta pregunta se ha convertido en un rotundo "sí." Mientras el comportamiento estimule el mecanismo de recompensa y alivie la incomodidad física, una respuesta adictiva es muy probable. Hoy día los neurocientíficos aceptan que una adicción puede ser activada por la acción de ciertas sustancias que se consumen o la acción de ciertos comportamientos que se repiten.

Este hallazgo contribuyó a la conceptualización de la adicción, no sólo como enfermedad, sino como un trastorno del aprendizaje que surge cuando el centro de placer es sobre estimulado por ciertas acciones que alivian molestia. Si una persona usa un opioide para aliviar dolor o revisa compulsivamente las redes sociales en un teléfono celular, si los circuitos de placer del cerebro son estimulados, el resultado puede ser la adicción.[45]

Antes de ir más lejos, repasemos algo de neuro-fisiología básica. Nuestro cerebro está repleto de más de

---

[45] Y.H. Lin et al, Incorporation of Mobile Application (App) Measures Into the Diagnosis of Smartphone Addiction, *J Clin Psychiatry.* 2017 Jul;78 (7):866-872. doi: 10.4088/JCP.15m10310.

100 mil millones de células. Cada célula tiene extensiones o cables que conectan otras células que les permiten comunicarse y recibir mensajes entre sí a través de sinapsis o sitios de conexión. ¡Los científicos estiman que el número de conexiones de células nerviosas contribuye a 100 billones de operaciones por segundo![46] Las diferentes masas de células tienen funciones diferentes específicas. Los lóbulos prefrontales, ubicados sobre los ojos son responsables del pensamiento, el razonamiento y la planificación. Los adultos pueden proporcionar momentos de aprendizaje para fortalecer estas destrezas en los niños. Por lo tanto, las destrezas de los lóbulos prefrontales se aprenden. Rodeando cada nervio está la capa de mielina. Es como el plástico alrededor de un cable eléctrico que guía a los neurotrans- misores a viajar a lo largo del nervio. Los neurocientíficos se refieren a esto como el principio de "úsalo o piérdelo."[47] Las células cerebrales son como los músculos. Sus conexiones se

---

[46] C. Zimmer, 100 trillion connections: New efforts probe and map the brain's detailed architecture. *Scientific American.* (January 2011.) https://www.scientific-american.com/article/100-trillion-connections/

[47] K. Wong, Use it or lose it. Scientific American. (October 16, 2000.) https://scientificamerican.com/ article/use-it-or-lose-it/

vuelven más fuertes cuanto más se usan. Esto es, las conexiones que se usan con mayor frecuencia se vuelven más eficientes y aquellas que no se usan, se recortan o se eliminan del cerebro en desarrollo.

Uno de los neurotransmisores que viaja a lo largo de las células nerviosas del cerebro se llama dopamina. El cerebro necesita dopamina para funcionar correctamente, ya que influye en el centro de placer del cerebro. Cuanta más dopamina se libera, más placer se experimenta, al menos hasta cierto punto.

Michael Zieler, psicólogo, publicó los resultados de sus estudios con palomas demostrando que se libera mucha más dopamina cuando la recompensa por los gránulos de comida llegó en momentos impredecibles.[48] Los diseñadores de redes sociales, cuyo trabajo incluye la tecnología de refinación, hacen miles de pruebas en millones de usuarios para así aprender qué ajustes funcionan y cuáles no para aumentar el uso de, por ejemplo, una aplicación de medios sociales. Un equipo de diseñadores de web de Facebook hizo un experimento

---

[48] M. D. Zeiler, and A. E. Price, "Discrimination with variable interval and continuous reinforcement schedules", *Psychonomic Science* (January 1965), Volume 3, Issue 1–12, pp 299–300.

parecido con cientos de millones de usuarios. Facebook ya tenía 200 millones de usuarios cuando probaron el botón “Me Gusta”.[49] Este fue el primero de muchos más botones de opinión ahora disponibles en Facebook. El botón “Me gusta” cambió completamente cómo acceder a Facebook. Facebook comenzó como una forma pasiva de seguir la vida de los amigos, pero evolucionó en una aplicación interactiva de las redes con el mismo desencadenante de retroalimentación impredecible que motivó a las palomas de Zieler. Los usuarios estaban jugando cada vez que compartían una foto, un enlace web o actualización de estado. Una publicación con cero "Me Gusta" era una especie de humillación pública. Twitter, Instagram, Google y YouTube son sólo algunos de los sitios de redes sociales que también han aprovechado el poder de la retroalimentación positiva impredecible (conocida también como refuerzo variable) para desencadenar la liberación de dopamina.

Ahora, tomemos en cuenta el “condicionamiento operante” o “señalización”. Un chirrido que le informa

[49] G. Moss, How the Facebook "Like" button has changed through the years. *Bustle.* (February 4, 2016.) https://www.bustle.com/articles/139394-how-the-facebook-like-button-has-changed-through-the-years

sobre un nuevo tuit o un sonido le alerta de una nueva publicación en Facebook o un correo electrónico, le condiciona a anticipar una respuesta antes de siquiera saber lo que el mensaje contiene. Estos sonidos actúan como estímulo y le condicionan a revisar su correo electrónico, publicar en línea o realizar alguna otra interacción de "tiempo de pantalla. Éste condicionamiento operante de sonidos aumenta el efecto adictivo.

Los comportamientos adictivos han existido durante mucho tiempo. Con el advenimiento de internet de alta velocidad y dispositivos más pequeños que puede llevar en su bolsillo o cartera, es más difícil evitar no interactuar con ellos ya que los llevamos a casi todo lugar que vamos.

La abstinencia y la ansiedad por la adicción a la pantalla pueden ser tan fuertes que sólo sentarse frente a una computadora, simplemente abrir la internet en su celular o tableta puede desencadenar una liberación de dopamina que lo hacen buscar más las redes sociales, aun cuando reciba menos placer al hacerlo. Lo que comenzó como un tiempo agradable frente a la pantalla, se ha convertido en actividad adictiva para evitar que se sienta inquieto.

Los adolescentes tienen un cerebro altamente neuroplástico y son vulnerables a los cambios neuroquímicos que los dispositivos digitales pueden crear en el cerebro debido a la hiperactividad. El exceso de tiempo frente a una pantalla demasiado temprano en la vida puede ser perjudicial y adictivo. Esto es especialmente cierto durante la niñez porque el cerebro aún se está desarrollando, un proceso que no se completa hasta que la persona tiene alrededor de 25 años. Nos podríamos preguntar, ¿cuándo Steve Jobs le dio iPads a sus hijos? ¿La respuesta? ¡Nunca![50] Y, ¿qué de de Evan Williams, fundador de Blogger, Twitter y Medium? Le compró a sus hijos cientos de libros y se negó a darles un iPad.[51] Las recomendaciones para ayudar a prevenir o abordar los efectos adictivos de los dispositivos electrónicos se describen al final de esta sección.

---

[50] M. Duczeminski, Even Steve Jobs didn't let his kids use iPads: Why you should limit technology use for your kids. *Lifehack.* https://www.lifehack.org/299415/even- steve-jobs-didnt-let-his-kids-use-ipads-why-you-should-limit-technology-use-for-your-kids

[51] A. Alter, Tech bigwigs know how addictive their products are. Why don't the rest of us? *Wired.* (March 24, 2017.) https://www.wired.com/2017/03/irresistible-the- rise-of-addictive-technology-and-the-business-of-keeping-us-hooked/

Juegos en Línea

Los investigadores coinciden en que los videojuegos pueden ser útiles. Por ejemplo, los juegos educativos pueden impulsar el aprendizaje, y los juegos de acción pueden mejorar la visión y las habilidades espaciales. Los videojuegos también se han utilizado con éxito para enseñar a los niños habilidades de autocuidado para la diabetes y el asma. Sin embargo, los videojuegos han sido también perjudiciales para el aprendizaje, socialización y la salud cuando se toma parte en ellos de manera excesiva.

Las encuestas revelan que en el año 2017 los videojuegos tuvieron una ganancia de $90 billones y este número aumenta cada año.[52] Encuestas del Centro de Investigaciones Pew de EE.UU. arrojan que el 90% de adolescentes estadounidenses entre los 12-17 años y el 60% de estadounidenses entre 18 y 29 años juegan videojuegos.[53] Los juegos de estrategia y rompecabezas se

---

[52] 2019 video game industry statistics, trends & data. WePC. (April 2019.) https://www.wepc.com/news/ video-game-statistics/

[53] A. Perrin, 5 facts about Americans and video games. Pew Research Center. (September 17, 2018.) https://pewresearch.org/fact-tank/2018/09/17/5-facts-about-americans-and-video-games/

encuentran entre los tipos de videojuegos más populares.[54] Además, los juegos en línea están disponibles en casi todas las plataformas electrónicas en la actualidad, lo que hace que estén accesibles 24 horas al día, 7 días a la semana.

Uno de los juegos de rol multijugador masivo en línea es World of Warcraft.[55] World of Warcraft ocupó el segundo lugar entre los juegos de PC más vendidos de todos los tiempos en todo el mundo, con un total de 633 millones de copias a enero de 2018.[56] Si los jugadores de World of Warcraft formaran una nación, serían la duodécima nación más grande del mundo. Los jugadores de World of Warcraft crean avatares y se unen a gremios donde un pequeño grupo de otros jugadores comparte recursos y chatea regularmente en las salas de chat específicas de su gremio. Los jugadores describen que es difícil conciliar el sueño si saben que algunos de sus

---

[54] Ibid.

[55] Distribution of World of Warcraft characters in U.S. and EU realms as of February 2019, by class. Statista. https://www.statista.com/statistics/276318/distribution- of-world-of-warcraft-characters-by-class/

[56] 2019 video game industry statistics, trends & data. WePC. (April 2019.) https://www.wepc.com/news/ video-game-statistics/

compañeros de gremio en, digamos, por ejemplo, Japón, Eslovaquia o Alemania, están en una persecución épica sin ellos. No es sorprendente que los juegos en línea contribuyan a reducir las horas de sueño, a hacer menos tareas y faltar a clases al día siguiente. Los compañeros de gremio pueden llegar a ser amigos más cercanos, lo que los jugadores describen les falta en su mundo real cuando no están en línea. Para algunos jugadores *World of Warcraft* se convierte en su medio predominante de socialización.[57]

Los juegos en línea en exceso también pueden presentar riesgos de salud para algunas personas. Hay tres ejemplos de adolescentes que estuvieron practicando juegos en línea, sentados por horas, con pocas o cero horas de sueño y sin tomar tiempo para comer o ingerir suficiente líquido. Un adolescente taiwanés fue encontrado muerto después de sentarse por 40 horas en

---

[57] H. Longman, E. O'Connor, P. Obst. The effect of social support derived from World of Warcraft on negative psychological symptoms. Cyberpsychol Behav. 2009; 12(5)z;563-566. Doi:10.1089cpb.2009.0001); Zanetta Dauriat F. Motivations to play specifically predict excessive involvement in massively multiplayer online role-playing games: evidence from an online survey, Eur Addict Res. 2011;17(4):185-9. doi: 10.1159/000326070.

un cibercafé jugando Diablo 3. En ese momento, los médicos especularon que murió de un ataque cardíaco causado por un coagulo de sangre que se formó durante la larga sesión.[58] Un surcoreano de 28 años se desplomó luego de jugar a StarCraft por 50 horas, con breves pausas sólo para ir al baño y tomar una siesta. Se pensó que murió de insuficiencia cardíaca secundaria al agotamiento. No se sabía que tuviera problemas de salud previos. Había sido despedido de su trabajo por faltar al mismo para participar en juegos de computadora.[59] El diez por ciento de los jugadores en línea admiten jugar un promedio de 63 horas a la semana y el 44% de los jugadores se consideran a sí mismos adictos.[60]

Si bien estos casos son extremos, son un recordatorio de que sentarse frente a una computadora, o teléfono

---

[58] C. Sieczkowski, Diablo 3 death: Teen dies after playing game for 40 hours straight. Huffpost. (July 18, 2012.) https://www.huffpost.com/entry/diablo-3-death-chuang-taiwan_n_1683036

[59] StarCraft Players, Lee Seung Seop. Fandom. https://starcraft.fandom.com/wiki/Lee_Seung_Seop

[60] B. Conrad, 44% of World of Warcraft players say that they are addicted to the game. Techaddiction. (2013.) http://www.techaddiction.ca/44-percent-world-of- warcraft-gamers-addicted.html

celular durante días, ya sea para jugar World of Warcraft u otros juegos, no es saludable para nadie.

Estos hallazgos contribuyeron a la propuesta de un nuevo trastorno en el DSM V más reciente (Manual Diagnóstico y Estadístico de Trastornos Mentales, 5ta Edición) llamado Trastorno de los Juegos de Internet.[61] El trastorno de los juegos de internet presenta síntomas como el abuso de sustancias que incluyen tolerancia, abstinencia y deseo.

También existe una creciente preocupación por el contenido violento de los videojuegos. El 97% de jóvenes entre las edades de 12 a 17 años juega algún tipo de videojuegos, y, 2/3 de adolescentes juega a juegos de acción o aventura con contenido violento.[62] El juego en línea Grand Theft Auto es un ejemplo. Su popularidad se refleja en el Libro Guinness de récords mundiales por siete logros récord en el año 2013, incluido el de videojuego más vendido en 24 horas y el de videojuegos

---

[61] American Psychiatric Association, Diagnostic and Statistical Manual of Mental Disorders, 5th ed. (Arlington, VA: American Psychiatric Association, 2013), p. 795-6.

[62] M. Anderson and J. Jiang, Teens, social media, & technology, 2018. Pew Research Center. (May 31, 2018.) https://www.pewinternet.org/2018/05/31/teens- social-media-technology-2018/

más rápido en en recaudar millones de dólares.[63] El juego contiene escenas horripilantes de tortura en agua hirviendo en las que el jugador debe optar por infligir dolor continuamente si quiere avanzar al siguiente nivel. Las mujeres se representan con frecuencia como objetos sexuales lo que incluye caricias y tocamientos. Los jugadores también tienen la oportunidad de hacer que sus beban alcohol y consuman otras drogas.[64] Por más gráfica que sea la violencia en la TV y en las películas, en el medio de videojuegos, el jugador, no el actor en la pantalla, es quien controla la acción. En resumen, los jugadores ganan más puntos al participar en conductas delictivas. Los padres también deben saber que este juego implica conversar (chatear) con jugadores desconocidos.

Los niños que juegan excesivamente con videojuegos de contenido violento pueden saltarse comidas y, en cambio, vivir de bocadillos y bebidas energéticas para

---

[63] L. Karmali, GTA 5 currently holds seven Guinness World Records. IGN. (October 9, 2013.) https://www.ign.com/articles/2013/10/09/gta-5-currently-holds-seven-guinness-world-records

[64] A. Hern, Grand Theft Auto 5 under fire for graphic torture scene. *The Guardian* (September 18, 2013.) http://theguardian.com/technology/2013/sep/18/grand-theft-auto-5-under-fire-for-graphic-torture-scene

seguir jugando. No están resolviendo y negociando conflictos con sus compañeros. Están perdiendo oportunidades para ganar el aprendizaje cooperativo y habilidades sociales necesarias en el mundo real. Pueden volverse aún más ineptos para comunicarse cooperativamente con personas reales y en su lugar, perderse en videojuegos que les dan sentimientos de control, dominio y euforia de manera que el mundo real, lleno de lentitud y esfuerzos, decisiones y exigencias resulta menos atractivo. A diferencia de la duración de otras formas de entretenimiento, los padres pueden alquilar un vídeo por un día y luego devolverlo. Una familia puede ir a Disneylandia por un par de días, y luego, regresa a la casa. Nadie va ya a diario como turista.

Fallout 3, otro de los juegos de Internet más vendidos, incluye "desmembramiento real," como la decapitación en cámara lenta, mientras los jugadores usan un cuchillo de cocina para matar miembros de la familia y mascotas.[65,66]

---

[65] M. B. Sauter, The seven best-selling violent video games. 24/7 Wall St. (March 14, 2013.) https:// 247wallst.com/special-report/2013/03/14/the-seven-best-selling-violent-video-games/2/

[66] Fallout 3, Entertainment Software Rating Board http://www.esrb.org/ratings/Synopsis.aspx?Certificate=25545&Title=Fallout+3

Diablo III representa batallas acompañadas de gritos de dolor y efectos de salpicaduras de sangre.[67] En Postal, otro juego en que los jugadores reciben puntos por matar a tantas víctimas inocentes como sea posible mientras éstas suplican piedad.[68]

Desde que salieron al mercado los primeros videojuegos en línea, el enfoque de la publicidad se ha centrado en el despliegue de realismo en las pantallas. De hecho, las reseñas de nuevos videojuegos violentos se jactan de lo bien que representan la violencia. Es desconcertante que hayamos llegado a aceptar tales representaciones como recreación aceptable para niños y adolescentes.

Sin embargo, no hay una lección simple o sencilla sobre los efectos de los videojuegos en los niños. Claramente, existen costos y beneficios asociados con los videojuegos, y éstos varían según cómo y cuándo los niños juegan. Es posible también que los efectos varíen según el contenido de un juego. El Dr. Donald Shifrin, de la Academia Americana de Pediatría, declaró que cuando

---

67 Diablo 3, Entertainment Software Rating Board http://www.esrb.org/ratings/synopsis.jsp? Certificate=31460

68 Postal, Ripcord Games. https://amazon.com/ Postal-Pc/dp/B000AAXD9A

los jóvenes participan en videojuegos el objetivo es la emoción.[69] Los niños y adolescentes descubren que jugar juegos en línea es estimulante. Buscan más emociones jugando juegos en línea. Con el tiempo, necesitan buscar niveles mayores de emoción para recibir la misma agitación de jugar juegos en línea. Cuando más y más estimulación es necesaria para lograr más excitación, el jugador ha entrado en la etapa de adicción a la que los especialistas se refieren como habituación.[70] La práctica reiterada de violencia mientras en estados elevados de excitación y la satisfacción psicológica derivada de esta práctica, puede contribuir a un proceso de condiciona-

---

[69] Dave Grossman and Gloria Degaetano Stop Teaching Our Kids to Kill : A Call to Action Against TV, Movie and Video Game Violence, Harmony Books, New York, (2014), p. 86-87.

[70] K. Bailey, R. West, and C. A. Anderson. 2010. A negative association between video game experience and proactive cognitive control. Psychophysiology. 47(1):34-42. D. Bavelier, C. S. Green, D. H. Han, P. F. Renshaw, M. M. Merzenich, and D. A. Gentile. 2012. Brains on video games. Nat Rev Neurosci. 2011 Nov 18;12(12):763-8. doi: 10.1038/nrn3135. D. Grossman and G. Degaetano, Stop teaching our kids to kill: A call to action against TV, movie and video game violence (New York: Harmony Books, 2014), p. 86-87.

miento hacia la violencia.[71] Es decir, el cerebro de un niño puede conectar circuitos neurológicos que asocian sentimientos de satisfacción con infligir dolor a los demás. Con más juegos, el niño puede volverse insensible, es decir, desarrollar un nivel de comodidad al infligir dolor a otras personas en un juego. Con la desensibilización, las personas se vuelven insensibles o aburridas en relación a lo que hacen, sienten o piensan. Matar, mutilar o herir a otros en un juego se ensaya de innumerables formas, cientos de veces al día. Matar en el juego es indicado por la avalancha de puntos ganadores y en algunos juegos, más puntos por tiros a la cabeza. A esto se le llama entrenamiento de estímulo-respuesta.

Los cuerpos policiales y militares usan técnicas de estímulo-respuesta cuando entrenan a personas para disparar o no disparar. Estos adultos tienen un cerebro maduro y una formación profesional continua. El entrenamiento de estímulo-respuesta es mucho más peligroso en manos de niños que carecen de la madurez

---

[71] The American Academy of Pediatrics, Council on Communications and Media. Virtual violence statement. Pediatrics. 2016;138(1). pediatrics.aappublications.org/content/138/2/e20161298

para discernir la importante distinción entre la realidad virtual y la realidad actual. Incluso, hasta se hizo un juego de la horrible masacre de Columbine.[72] En muchos tiroteos, los tiradores se ponen un disfraz, como una gabardina o uniforme militar, copiando los personajes del videojuego. Cuando los niños juegan un videojuego interactivo, siempre existe la intención de disparar. Para mantener alta la emoción y la frecuencia cardíaca, se reprimen las funciones del pensamiento. El Dr. Brandon Centerwall, en el documental Healthy Brain Development in a Media Age (Desarrollo Saludable del Cerebro en la Era de los Medios) declaró, "Dado que los jóvenes aún no tienen la capacidad cerebral para el análisis, la evaluación o el juicio moral, son incapaces desde el punto de vista de su desarrollo para discernir la diferencia entre fantasía y realidad; si lo hicieran, no tendríamos tantos niños creyendo en San Nicolás o en el Hada de los dientes. Por lo tanto, son incapaces de interpretar imágenes violentas, de darles un sentido personal."[73] Los pediatras, los

---

[72] Super Columbine Massacre RPG. columbinegame.com/

[73] D. Grossman and G. Degaetano. Stop Teaching Our Kids to Kill : A Call to Action Against TV, Movie and Video Game Violence. Revised and Updated Edition. (New York: Harmony Books, 2014), p. 115.

proveedores de atención de salud mental y consultores de la Oficina Federal de Investiciones (FBI) nos dicen que los adolescentes y los jóvenes involucrados en tiroteos reales se visten como sus homólogos del mundo virtual para identificarse más de cerca con ellos, lo que permite a los tiradores "seguir el guión" que ensayaron diariamente en su juego de vídeo.[74]

El juego, está destinado a ser un proceso de aprendizaje y práctica de roles sociales apropiados. El juego agresivo es parte de la experimentación normal de un niño pequeño. De hecho, los padres que se negaron a comprar armas de juguetes para sus niños pequeños, revelan que las armas fueron hechas de palos, zanahorias, plátanos o rollos de papel higiénico. Incluso, escuché de una madre que había prohibido las armas en su casa, quejarse de que sus hijos pequeños tomaron un sándwich de mantequilla de maní, lo enrollaron e hicieron una pistola de juguete con él. Que los niños deseen representar lo que ven en la TV es un proceso normal. Sin embargo, ver y jugar sólo roles violentos interactivos en línea repetidamente, de modo tal que estas imágenes se conviertan en la única fuente de fantasías de juego de un

[74] Ibid., p. 127-128.

niño, probablemente resulte en la impresión de la personalidad del niño en pobres y malos roles.

Se ha desarrollado una controversia sobre la relación entre el juego de vídeo violento y la agresión. La Dra. Prescott y sus colegas del Departamento de Ciencias Psicológicas y Cerebrales de Dartmouth College escribieron, "Mientras que la mayoría de los que realizan investigaciones sobre este tema argumentan que jugar tales juegos aumenta el comportamiento agresivo, una minoría vocal ha argumentado que la relación entre el juego y el comportamiento agresivo en el mundo real es, en el mejor de los casos, exagerado y, en el peor, falso". Para comprender mejor el vínculo entre la violencia de los videojuegos y el comportamiento agresivo, realizaron un metaanálisis de 24 estudios potenciales que abarcaron a más de 17,000 participantes entre las edades de 9 - 19 años. Los resultados demostraron que la nacionalidad fue un moderador estadísticamente significativo para los modelos de efectos fijos ($P < .01$), con el efecto más grande observado entre los caucásicos, y un efecto intermediario entre los asiáticos, y un efecto no significativo entre los hispanos. El Dr. James D. Sargent, del Departamento de Pediatría de la Facultad de Medicina Geisel, Darmouth College, declaró, "Espero que nuestros hallazgos impulsen a los escépticos a reevaluar su posición, especialmente porque algunas otras de nuestras investigaciones indican que los videojuegos violentos pueden aumentar la desviación con implicaciones para múltiples conductas de riesgo."[75]

Necesitamos proveer argumentos contrarios y modelos a seguir que permitan a los niños, en cada etapa de desarrollo, construir historias sobre sí mismos como individuos empáticos, respetuosos de la ley, socialmente competentes y emocionalmente inteligentes. Sí, podemos sentirnos como el salmón nadando río arriba contra la corriente. Sí, se necesitará, mucho más que la energía propia, valor, fortaleza o resistencia, que sentimos ya tener. Sí, conscientemente significará tomar el tiempo de participar con otros en escuelas y comunidades para tejer colectivamente una red de seguridad protectora para los niños. En otras palabras, se necesitará mucha energía de parte de mucha gente. Sin embargo, las actividades no tienen por qué tomar mucho tiempo. Enseñar a los niños sobre la virtud a través del ejemplo, mantener responsablemente una presencia activa en sus vidas y orar

---

[75] Prescott AT, et al., Meta-analysis of the relationship between violent video game play and physical aggression over time, October 2, 2018,115 (40) 9882-9888 Proc Natl Acad Sci. 2018;doi:10.1073/pnas.1611617114.

por nuestros hijos pueden ser medios poderosos para lograr nuestro objetivo.

En resumen, algunas recomendaciones:

- Infórmese sobre los conceptos básicos del desarrollo del cerebro en los primeros años y sobre la importancia del juego práctico, no estructurado y social para desarrollar el lenguaje, cognición y habilidades sociales.
- Elegir contenido educativo que sea apropiado para el desarrollo de los niños.
- Juegue por 15 minutes el juego y descubra qué videojuegos y aplicaciones los niños están jugando.
- Leer reseñas del juego y/o la aplicación.
- Oriente a los niños sobre cómo mantener la seguridad y privacidad en línea.
- Ayude a los niños más pequeños a comenzar a REFLEXIONAR sobre el efecto que la violencia mediática tiene en ellos:

    - ¿Qué es real o qué es fingido? ¿Cómo lo sabes?

- ¿Qué te pasaría si alguien realmente te lastimara a ti, a tu papá o a tu mamá de esa manera?
- ¿Cuánto crees que golpear, disparar o apuñalar lastimaría a esa persona?
- En lugar de pelear, matar, etc., ¿cuál hubiese sido una mejor manera de resolver el problema?
- Hablemos de eso...
- Recuerde, abordar la violencia en los medios de comunicación como familia lleva tiempo; no es un solo evento, es un proceso de aprendizaje continuo.

- Abordar la reacción de “Estoy aburrido”

    - En lugar de dar sugerencias para resolver los sentimientos de "aburrimiento" de los niños que probablemente éstos rechazarán, introduzca “tiempos-de-espera-para-pensar”. Es decir, déjeles que intenten encontrar una alternativa por sí mismos. Por ejemplo, una madre con la que trabajé le sugirió a su hijo, "Siéntate en el sofá y sigue aburrido" "Sí, así es, siéntate ahí," le dijo. "Cuando hayas terminado de aburrirte, puedes levantarte y jugar con uno de tus juguetes en tu habitación"... Después de estar sentado un rato, se levantó del sofá para jugar Legos.

  - ¿Y nosotros los adultos? Podemos equiparar la quietud al aburrimiento. En realidad, la quietud le da a la mente el espacio que necesita para ser creativo, para proponer nuevas ideas. Considere elegir situaciones en las que normalmente sacaría su teléfono celular, como en un ascensor, esperando en la fila, o almorzando. En cambio, observe lo que está a su alrededor, pruebe la comida que está comiendo o mire al cielo. Al practicar estar atento a su entorno, está desarrollando los músculos de la atención y la capacidad de ignorar las distracciones.

- Coloque las computadoras, teléfonos celulares, y dispositivos de juego en una ubicación central y no detrás de puertas cerradas. Hacer ésto, permite a los padres observar y supervisar las actividades de los niños para ayudar a protegerlos.
- Establezca límites en el tiempo en la pantalla y haga cumplir los mismos

  - A menudo, los niños no pueden juzgar con precisión la cantidad de tiempo que pasan con los dispositivos electrónicos. Por añadidura, se refuerzan inconscientemente a continuar usándolos.
  - La mayor parte del tiempo que un niño dedica al uso de dispositivos electrónicos no tiene nada que ver con sus estudios académicos.

- Establezca pautas para el uso de los medios y sígalas consistentemente

  - Informe de estas pautas de medios a otros cuidadores, como a niñeras y abuelos.
  - Haga que los niños terminen sus tareas antes de permitirles jugar un videojuego o ver la TV
  - Use un reloj automático (timer) para indicar cuándo debe terminar el tiempo de pantalla

    - Introduzca cupones de tiempo semanal. Por ejemplo: 10 cupones de 30-minutos para niños pequeños y 10 cupones de 1-hora para niños mayores. Entregue a los niños todos los cupones al comienzo de la semana y déjelos escoger cuándo "redimirán" los cupones. Ésta, es una excelente manera de enseñar a los niños el autocontrol y la toma de decisiones.

- Crear espacios y tiempos "desconectado" en la casa

    - Tome en cuenta la importancia de no remplazar el sueño, el ejercicio y las interacciones sociales con los medios electrónicos.
    - Se recomienda no usar medios electrónicos durante las comidas, en cama y ciertamente no mientras se maneja.

- Considere los cortafuegos (firewalls) y sistemas de filtro para la internet, computadora y teléfono celular según corresponda para individuos o familias. Hay muchos en el mercado. Algunas sugerencias incluyen:

    o Circle Go, que permite a los padres administrar todos los dispositivos conectados al hogar, incluidas las computadoras personales, teléfonos móviles y PlayStations.

- Los padres, pueden elegir aplicaciones o plataformas específicas ya sea para bloquear o permitir acceso, por ejemplo, a Amazon, Facebook, HBO, YouTube, etc.
- Los padres, pueden también:

  - permitir o bloquear categorías de contenido explícito como citas, redes sociales, etc.
  - establecer límites para uso del tiempo, por ejemplo, dos horas de internet por día.
  - configurar el límite del tiempo por aplicación, como 15 minutes en Facebook
  - bloquear todas las aplicaciones y su uso a la hora de dormir
  - realizar un seguimiento de los minutos de uso por aplicación y los sitios a que se accede.

- o Mobicip y Covenant Eyes son también sistemas populares de cortafuegos (firewalls) y de filtro para la internet
- o Otros dispositivos de bloqueo de aplicaciones incluyen:

    - Freedom para productos Apple y Windows
    - Offtime para productos Androide
    - GizmoPal es un reloj de rastreo GPS para niños que es útil para algunas familias

- Para los padres con niños pequeños, la Asociación Americana de Pediatría de los Estados Unidos recomienda limitar el uso de tecnología a una hora por día para los niños de 2-5 años de edad. Para los niños mayores, establezca un plan de medios equilibrado y coherente con los valores familiares.

    - o Ésto no es fácil de hacer en el mundo de hoy, reconociendo que pasar tiempo frente a una pantalla es casi inevitable. En lugar de prohibir el tiempo de pantalla por completo, exhorte a:

        - Que los niños conecten lo que ven en el mundo de la pantalla con su experiencia del mundo real.
        - Que los niños prefieran participar en actividades reales en lugar de las virtuales. Si, por ejemplo, una aplicación pide a los niños que clasifiquen bloques de madera por color, los padres pueden pedir a los niños que, en su lugar, clasifiquen bloques de madera real por color. También les pueden pedir a los niños que clasifiquen sus ropas por color.
    - Ninguna experiencia debe limitarse al mundo virtual de los dispositivos electrónicos que imitan la realidad. Conectar la pantalla con las experiencias de la realidad mejora el aprendizaje porque requiere que los niños repitan lo que han aprendido y los anima a generalizar lo que han aprendido más allá de una sola situación.

Conocemos los trucos que utilizan los anunciantes para tentarnos un delicioso helado o un auto rojo brillante. Los los ingenieros de diseño electrónico también saben cómo llamar nuestra atención. El color rojo en las notificaciones de nuestros teléfonos móviles y tabletas despierta el deseo de ver de qué se trata. La reproducción automática de vídeos puede llevarnos a quedar prendidos a mirar más tiempo del previsto. Más y más las funciones de teléfonos celulares y tabletas están siendo diseñadas para que pasemos más tiempo usando estos dispositivos.

Aquí, varias sugerencias más para ayudarlo a observar y controlar su uso de la tecnología:

- Diga no a las notificaciones. Una notificación está destinada a hacerle saber que algo importante necesita atención. La mayoría de las notificaciones de teléfonos celulares y tabletas están automatizadas por máquinas y no involucran a personas. Su objetivo principal es que usted interactúe con una aplicación que de otra manera no hubiera pensado. Configure notificaciones para cosas que son importantes para usted.

    - Por ejemplo, es posible que desee recibir notificaciones cuando reciba un mensaje de su hijo, su cónyuge o su supervisor.

- Ponga el teléfono celular en modo "No Molestar" y permita sólo llamadas y mensajes de sus "Favoritos" con los que usted tiene una responsabilidad. Es posible que se sorprenda de cuánto tiempo las interrupciones le quitan de aquello que es importante para usted.
- Elimine las redes sociales y otras aplicaciones del teléfono celular. Pulsar en una aplicación, como Facebook o Twitter, es muy fácil de hacer —sin pensarlo mucho. Limite su acceso a estas aplicaciones a la computadora en el hogar. Si tiene la necesidad de revisar sus redes sociales con más frecuencia, pregúntese por qué: ¿está aburrido, solo, ansioso, molesto, preocupado? Vea si esta necesidad puede abordarse de manera más efectiva en una interacción o actividad de la vida real.
- Mantenga en la pantalla de inicio sólo aquellas aplicaciones que son necesarias. Por ejemplo, algunas de las aplicaciones importantes para mantener en la pantalla de inicio pudieran ser sus contactos, mensajes de texto, email, mapas y calendario los cuales usa a diario con su familia, trabajo y grupo de amigos selectos. Mueva sus otras aplicaciones a su segunda o tercera pantalla.

Lo que no ve de inmediato cuando levanta su teléfono o tableta será menos tentador para acceder.

- Ayude a reemplazar el tiempo frente a la pantalla con actividades positivas cara-a-cara.

    - Considere planear una variedad de actividades, así como tiempo a solas con amigos y familiares que comuniquen "Quiero estar contigo"; "Tú eres importante para mí"; y "Podemos divertirnos juntos".
    - Sea creativo e involucre sus intereses personales para divertirse en el tiempo fuera de la pantalla. Por ejemplo:

        - Participar en deportes
        - Un paseo en bicicleta (bici)
        - Jugar al Frisbee.
        - Cocinar juntos una comida.
        - Plantar un jardín.
        - Salir a tomar un helado.
        - Para los niños muy pequeños, enséñeles rimas infantiles, jugar a Simon Says (Simón dice), Peek-a-boo o London bridges falling down.

    - Además, pregunte a los abuelos que hacían para divertirse sin pantallas antes de la época de internet.

- Haga un llamado a las personas a comprender mejor qué es lo que impulsa al uso de las pantallas.

  - Por ejemplo, si una adolescente revisa su cuenta de Instagram o Snapchat muchas veces al día, es probable que quiera sentirse conectada con sus amigos. Ayude a abordar esta necesidad para que mutuamente puedan explorar otros medios de sentirse conectada dónde ella podría sentirse más validada en la ausencia de esos "Me Gusta".
  - Recuerde, lo que funciona para una persona puede no funcionar para otra. Otros ejemplos a considerar posiblemente son:

    - Un niño que está aburrido y recurre al uso de la pantalla podría beneficiarse de unirse a un equipo deportivo o club de teatro.

    - La vulnerabilidad que experimenta un jugador acosado puede ser resuelta, en parte, con clases de artes marciales, además de hablar con sus padres.

  - Una vez que se comprende mejor la motivación subyacente para el uso de la pantalla, se puede seguir una nueva rutina que satisfaga este motivo subyacente.
  - Los esfuerzos para comprender mejor las motivaciones abordarán de manera más eficaz la necesidad psicológica subyacente.

- Ocupe la imaginación de los niños para la creación de imágenes

  - Algunos niños dicen no ver en sus cabezas imágenes de los personajes en el libro.
  - Dado que los niños pasan de 6-11 horas diarias viendo imágenes de pantalla, tienen poca práctica ocupando su propia imaginación.
  - Considere:

    - MANUALIDADES/ARTESANIA — construir un modelo de automóvil o barco
    - Una obra de teatro escolar
    - Confección de disfraces
    - Expresión creativa al traer de vuelta una noche de juegos en familia tales como payasadas o juegos de cartas como “Catch phrase” ("Captura la frase"), otros juegos de mesa o de cartas.

- Servicio dentro y fuera del hogar

  - Al colaborar con otros, los niños y adolescentes crecen aprendiendo su autoestima. Interiormente, nosotros deseamos dar a otros. Sugiera pedir a los niños que colaboren:
    - Alimentando el gato
    - Paseando el perro
    - Vaciando el lavaplatos
    - Ayudando a seleccionar duraznos frescos con mamá en el supermercado

  - Para que los niños experimenten el servicio fuera de la casa como algo significativo, primero deben aprender sobre la colaboración como conexión o enlace.

- o Es fundamental que los niños sientan que pertenecen a nosotros, NO a la comunidad virtual; esto es especialmente cierto si ésta es una comunidad de videojuegos violentos

- Considere el reto de reducir el tiempo de pantalla en una hora por semana. Luego, considere un día sin pantallas. Renunciar a las pantallas por un día no pretende o debe verse como un castigo. Es una oportunidad de asociarse con familiares y amigos de nuevas formas.

  - o Elija un día realmente conveniente para no tener pantallas.
  - o Tómese un tiempo para reflexionar sobre su experiencia de un día libre de pantallas.

    - ¿Qué pudo observar?
    - ¿Cómo se compara su día sin pantallas con el día en que las usaba?
    - ¿Qué notaste cuando estabas interactuando cara a cara con otras personas durante un día?

        - ¿Qué pudo hacer porque no estaba ocupado con sus pantallas?

    - Basándose en su experiencia con un día sin pantalla, considere encontrar un fin de semana completo para no usar pantallas.

- ¿Necesita ayuda? Para algunas personas, los juegos en línea u otras actividades en Internet se convierten en una obsesión irresistible.

    - Las opciones de tratamiento van desde terapia ambulatoria limitada.
    - Puede buscar y revisar en línea opciones de tratamiento que se acomoden a sus necesidades.

Sección 3

Adicción a la Pornografía en Internet: Un Enfoque Católico al Tratamiento

Introducción

Durante las últimas dos décadas, los profesionales de la salud mental han reportado un aumento en el número de personas que se presentan a terapia, buscando abordar su creciente necesidad de ver pornografía en internet. Es difícil localizar estadísticas precisas sobre el uso de pornografía en internet; sin embargo, la investigación disponible demuestra un gran número de sitios de internet pornográficos. De acuerdo con los datos disponibles, "sexo" es el tema de búsqueda número uno en la internet.[76]

Sesenta millones de solicitudes diarias se realizan en buscadores de pornografía. Cuarenta millones de adultos en los Estados Unidos acceden regularmente a pornografía en Internet y el 10% de ellos, admite que es

---

[76] B. Na, What's the most-searched thing on the internet? Quora. https://www.quora.com/Whats-the-most-searched-thing-on-the-Internet

adicto a la pornografía en internet. Porn hub es un sitio para compartir vídeos, el cual recibió 2.4 millones de visitantes por hora sólo en el 2015. Eso significa 57.6 millones por día. Este número aumentó a 80 millones de usuarios diarios en 2017. Se estima que el 64% de los hombres universitarios y el 18% de mujeres universitarias practican sexo en línea cada semana. Además, el 56% de casos de divorcio involucraron a una de las partes teniendo un interés obsesivo en sitios web pornográficos.[77] Los investigadores ahora predicen que millones de estadounidenses son adictos a la pornografía en internet. De hecho, fuentes aseguran que el número de usuarios de pornografía en internet se ha disparado, lo que hace que la pornografía en internet sea una de las adicciones principales en el mundo.[78]

Encuestas recientes informan que el 90% de los adolescentes ve pornografía en línea mientras hacen la

---

[77] Pornography statistics. Family Safe Media. (2006.) http://www.familysafe.com/ pornography-statistics/

[78] K. S. Young, X. D. Yue and L. Ying, Prevalence Estimates and Etiologic Models of Internet Addiction. Internet Addiction: A Handbook and Guide to Evaluation and Treatment (John Wiley & Sons, Inc., 2011), pp. 3-6.

tarea escolar.[79] Más aún, personas jóvenes, sin experiencia sexual, especialmente los hombres, encuentran que es más fácil involucrarse en conductas sexuales accediendo a la pornografía en internet que arriesgarse a un rechazo en el contexto de un encuentro cara a cara con una persona en la vida real.

El alcance expansivo de la pornografía en internet ha afectado también a un grupo demográfico muy joven. En particular, la edad promedio de los niños que se exponen por primera vez a la pornografía en internet es de 11 años.[80] También se ha informado de exposición a la pornografía de internet en niños entre las edades de 4 a 5 años. Además, el 28% de los niños y el 18% de las niñas han visto la bestialidad en línea y el 39% de los niños y el 23% de las niñas han visto la esclavitud sexual en línea.[81] Los promotores de pornografia pornografistas usan nombres de personajes como Pokémon y Action Man atraer a los niños. Una vez que un niño hace clic en un URL (Localizador Uniforme de Recursos), se abre a un

---

[79] J. Ropeloto, Internet Pornography Statistics. Top Ten Reviews. (March 28, 2014.) http:// ministryoftruth. me.uk/wp-content/uploads/2014/03/IFR2013.pdf

[80] Ibid.

[81] CovenantEyes. https://www.covenanteyes.com

sitio de pornografía. Cuando el niño vuelve a hacer clic, esta acción se abre en otro sitio de pornografía. Esto es lo que se llama "trampa de ratones".

Esta sección establecerá una conexión entre el comportamiento adictivo y la pornografía. Además, se considerarán los factores que contribuyen a la prevalencia vertiginosa del uso de pornografía en internet. Se abordarán algunos efectos neurológicos de la pornografía en internet, que incitan a muchos usuarios a buscar imágenes eróticas más intensas para lograr experiencias intensificadas de excitación sexual. Por último, se sugerirá un protocolo de tratamiento que pueda promover la madurez afectiva y revertir los cambios creados en el cerebro por ver pornografía en internet.

Criterios para la adicción a la pornografía en Internet

Originalmente, los proveedores de atención de la salud mental relacionaron el término "adicción" con el uso de sustancias químicas como el alcohol, las drogas y la nicotina. Psiquiátricamente, la adicción se refiere a los niveles de tolerancia y abstinencia que dificultan el funcionamiento afectivo o psicosocial. Estos son síntomas medidos fisiológicamente.[82] La tolerancia está presente cuando la misma cantidad de sustancia provoca menos respuesta. Por ejemplo, una persona que bebe dos copas de vino se ve afectada por el alcohol. Con el uso continuo, la misma persona necesitará más de dos copas de vino para producir reacciones fisiológicas. Es de esta forma que, una persona ha desarrollado una tolerancia a los efectos del alcohol. Por otro lado, la abstinencia se refiere a la reacción fisiológica provocada cuando la cantidad de una sustancia está menos presente o ausente en el cuerpo. Los síntomas de abstinencia incluyen temblores, ansiedad, presión arterial elevada, pulso y la respiración acelerada. Alteraciones afectivas pueden incluir depresión, irritabilidad, impulsividad, pérdida de concentración, sueño interrumpido o comportamiento agresivo. Estos síntomas son observables cuando una persona experimenta abstinencia del alcohol o las drogas ilegales.

Siguiendo un patrón similar de tolerancia y abstinencia, los expertos en trastornos de adicción describen cinco etapas sucesivas e interdependientes a través de las cuales

---

[82] Diagnostic and Statistical Manual of Mental Disorders, Fourth Edition (Washington, D.C.: American Psychiatric Association, 1994), pp. 176-9.

las personas pasan en camino a una adicción a la pornografía en internet, incluyendo el descubrimiento, la experimentación, habituación (aprendizaje asociativo), compulsividad y desesperación. La progresión a través de estas etapas pueden ser graduales o puede ser más rápidas luego de descubrir los sitios web pornográficos.[83] En la etapa de descubrimiento, una persona se topa con un sitio web pornográfico, lo que abre la puerta para una mayor exploración. Alentados por el anonimato de las transacciones electrónicas, los usuarios experimentan en secreto con material sexual en línea sin que los descubran. Con una exposición repetida, similar a desarrollar una tolerancia al alcohol, los consumidores desarrollan el hábito de las fantasías sexuales y acceden a material pornográfico para aumentar los niveles de excitación. A medida que los usuarios se vuelven insensibles al sexo en línea, es necesaria una mayor intensidad sexual para lograr los ánimos de excitación deseados. Con el tiempo, para evitar las complicaciones y responsabilidades de la vida, el hábito de acceder a la pornografía en Internet se convierte en una compulsión. La excitación sexual se

---

[83] K. S. Young, Tangled in the web: Understanding cybersex from fantasy to addiction (Washington, D.C.: 1st Books Library, 2001), pp. 40-44.

asocia con la reducción de tensión, aliviando los sentimientos de culpa, ansiedad y depresión. El comportamiento pornográfico compulsivo en internet es impulsado en gran parte por la tensión y la agitación, al igual que un alcohólico se ve obligado a beber en momentos de estrés excesivo. En esta etapa, hombres y mujeres ponen en peligro carreras y relaciones con tal de satisfacer sus instintos compulsivos. A pesar de los riesgos potenciales, hombres y mujeres engañan a familiares y amigos para ocultar el alcance de su participación en la pornografía en internet, que ya no es una actividad voluntaria. La inquietud y la irritabilidad surgen cuando se intenta abstenerse de este comportamiento. En el apogeo de su compulsión, los usuarios de pornografía no pueden encontrar la fuerza de voluntad necesaria para detenerse y se sienten desesperanzados e impotentes contra la necesidad apremiante y urgente de ver imágenes sexuales en línea.

Razones o causas de la naturaleza adictiva de pornografía en Internet

Durante los últimos 40 años, varios factores han creado una plataforma sólida para la introducción y aceptación de la pornografía en internet en la sociedad estadounidense. Primeramente, la introducción de la primera píldora anticonceptiva al público en la década de los años 60 intensificó la presión de la revolución sexual latente, ya que la sociedad estadounidense separó la intimidad sexual de sus propósitos centrales de unidad y procreación. La anticoncepción artificial redujo la intimidad sexual a la recreación en busca de placer al tiempo que limitaba la posibilidad de concepción. El advenimiento de la World Wide Wed hizo inmediata la disponibilidad de entretenimiento para adultos y amplificó el propósito recreativo percibido de la sexualidad. Siguiendo esta tendencia hoy en día, más adolescentes se están volviendo sexualmente activos, en un momento en el que están emocionalmente vulnerables, inseguros sobre sus creencias morales y confundidos sobre el propósito de la sexualidad.

Tres características principales han contribuido al atractivo de la pornografía en Internet. Primero, la omnipresencia de computadoras, teléfonos celulares u otros dispositivos electrónicos que permite a hombres y mujeres un acceso inmediato a la internet, lo que hace que la pornografía sea muy accesible. La mayoría de los hogares hoy en día tienen al menos una computadora; y, la mayoría de los trabajadores tienen acceso a una computadora en sus lugares de trabajo; y, el 20% de los hombres y el 17% de las mujeres admiten acceder a pornografía en internet en el trabajo. Es decir que, la pornografía, después del acceso al correo electrónico personal, sigue siendo el segundo desvío y uso indebido más frecuente de Internet en el lugar de trabajo.[84] En segundo lugar, dado que muchos sitios web pornográficos ofrecen acceso gratuito, son asequibles para espectadores de todas las edades y niveles sociales. Los estudios indican que el 80-90% de las personas que usan pornografía en línea no pagan nada, y el 10-20% de los usuarios pagan un promedio de $ 60.00 por mes.[85] Las preferencias pornográficas generalmente varían según el sexo.[86] Por ejemplo, los espectadores masculinos buscan fotografías, vídeos y transmisiones de cámaras en vivo para la gratificación sexual, mientras que las mujeres tienen el doble de posibilidades que los hombres de ingresar a las salas de

---

[84] Al Cooper, Irene McLaughlin, Pauline Reich, Jay Kent-Ferraro, "Virtual Sexuality in the Workplace: A Wake-up Call for Clinicians, Employers, and Employees," in *Sex and the Internet*, 2002, pp.111-112.

[85] K. Doran, "Industry Size, Measurement, and Social Costs", in The Social Cost of Pornography: A Collection of Papers (Witherspoon Institute, 2010), p. 185.

[86] Porn stats. Covenant Eyes. https://covenanteyes.com/pornstats/

chat, buscando conversaciones amistosas que eventualmente conduzcan a intercambios sexualmente explícitos.

En tercer lugar, al permitir a los usuarios hacerse pasar por cualquiera o de incógnito cuando acceden a los sitios web pornográficos, esta cualidad de anonimato de la pornografía en internet contribuye a la falsa creencia de que no habrá repercusiones adversas por acceder a sitios pornográficos. La "relación" del cibersexo se siente más íntima que las relaciones reales mientras permanecen"seguras" en el anonimato. Fomentando la deshonestidad, el miedo, el egocentrismo, la desensibilización y el autoengaño, los hombres y mujeres adictos a la pornografía en Internet aprecian su anonimato y una mayor estimulación sexual, resultando esto en un aumento de la incidencia de masturbación compulsiva y más actividades sexuales desviadas, lo que a veces conduce a un comportamiento ilegal manifiesto.[87] La accesibilidad, la asequibilidad y el anonimato, combinados con el cambio de las costumbres sexuales en el uso de

---

[87] Stephen Arterburn, Addicted to "Love", *Understanding Dependencies of the Heart: Romance, Relationships, and Sex* (Regal Books, 2003), pp. 117-121.

Internet, contribuyen a una clase de pornografía en internet altamente adictiva.[88]

Implicaciones neurológicas de la pornografía en internet

Investigaciones científicas indican que alteraciones en el sistema nervioso humano también puede resultar del uso de pornografía en internet. El sistema nervioso humano[89] tiene la capacidad de generar nuevas conexiones nerviosas,[90] fortaleciendo y aumentando

---

[88] Al Cooper and Eric Griffen-Shelley, "The Internet: The Next Sexual Revolution," in *Sex and the Internet: A Guidebook for Clinicians* (Brunner-Routledge, 2002), pp. 5-6.

[89] The human nervous system is made up of the central nervous system (brain and spinal cord) and the peripheral nervous system (nerves in the body that carry messages from the brain and spinal cord to the rest of the body, such as muscles, organs and glands).

[90] The central and peripheral nervous systems are comprised of neurons or nerves. A neuron or nerve has three parts. The portion of the neuron that receives input from other neurons is called the dendrite and is shaped like tree branches. The dendrites lead into the cell body which contains DNA and the other elements necessary to keep the neuron alive. The axon is the cable of the nerve and is of varying length depending on

algunas conexiones mientras que debilita y disminuye otras. Este cambio ultimadamente altera el funcionamiento del sistema nervioso, modificando el proceso que el cerebro utiliza para organizar información. Para ilustrarlo, cuando un niño aprende a andar en bicicleta, al principio se balancea hacia adelante y hacia atrás sobre las ruedas de su bicicleta hasta que se cae. Al andar en bicicleta repetidamente, el sistema nervioso central del niño (cerebro y médula espinal) y el sistema nervioso periférico (nervios del cuerpo que llevan mensajes desde

---

its location and function. The nerves in the leg, for example can be several feet long depending on the height of the person. The neurons in the brain are microscopic in length. These axons are similar to electric cables and carry electric signals toward the dendrites of the neighboring neurons. Axons, or cables of the nerves, do not touch the neighboring dendrites. They are separated by a microscopic space called synapse. Once an electric signal gets to the end of the axon, it triggers the release of a chemical messenger, called a neurotransmitter into the synapse.

The neurotransmitter floats over the dendrite of the adjacent neuron, exciting or inhibiting it. If a neuron receives enough excitatory signals from other neurons, it will fire off a signal. When it receives enough inhibitory signals, it will not fire.

el cerebro y la médula espinal al resto del cuerpo) se comunican de manera más eficaz para que las habilidades motoras necesarias para andar en bicicleta sean más precisas y eficientes. De esta manera, el joven desarrolla las habilidades necesarias para mantener el equilibrio sobre la bicicleta e impulsarse hacia adelante con un movimiento de pedaleo. La capacidad del cerebro para adaptar el funcionamiento del sistema nervioso a diversos estímulos es un fenómeno normal que es de por vida.

Del mismo modo, los estudios muestran que las imágenes sexuales intensas y repetitivas inician modificaciones en la sinapsis (el espacio entre los nervios a través del cual las células nerviosas se comunican entre sí), lo que cambia el procesamiento de la información en el sistema nervioso humano.[91] Sugiero que dos factores principales son los responsables por esta modulación.

Primero, aprendimos de Marshall McLuhan, pionero en el estudio de los efectos de la televisión en el cerebro humano, que más que el contenido o el mensaje, el medio

---

91 M.J. Koepp, R.N. Gunn, A.D. Lawrence, V.J. Cunningham, A. Dagher, T. Jones, D. J. Brooks, C.J. Bench, and P. M. Grasby, *Nature*, 1998, vol 393, no. 6682, pp 266-268; Doidge, Norman, *The brain that changes itself* (New York: Penguin Books, 2007), p. 309.

del mensaje juega un papel importante en la alteración de la función de proceso del cerebro humano.[92] En otras palabras, la investigación de McLuhan demuestra que el volumen y la velocidad de entrega de los medios altera la respuesta de los usuarios a los estímulos más que el contenido de los medios e impacta radicalmente la función de procesamiento de respuestas en el usuario. Como tal, los efectos de los medios electrónicos sobre el sistema nervioso humano aumentan exponencialmente con la aparición de internet de alta velocidad. Los dispositivos de mano como los iPads y teléfonos celulares pueden alterar la forma en que el sistema nervioso humano procesa información debido a la separación y el volumen de estímulos electrónicos que producen.

Segundo, las respuestas neuroquímicas a los estímulos sexuales influyen en la ecuación de la adicción a la pornografía en internet. Tome en cuenta el siguiente escenario: Al ver la pornografía, se desencadenan dos centros de placer en el cerebro del espectador. Inicialmente, el sistema de placer apetitivo o excitador libera dopamina, la que el cuerpo experimenta con actividades agradables como reír, comer una buena

---

[92] W.T. Gordon, ed. *Understanding media: The extensions of man*, Critical Edition (New York: Ginkgo Press, 1994), p. 19.

comida, correr o excitarse sexualmente. La Acetilcolina[93] se descarga también en el cerebro, lo que desempeña un papel muy importante tanto en el aprendizaje como en la memoria y ayuda al cerebro a concentrarse y a formar un recuerdo nítido de experiencias placenteras. La Acetilcolina almacena estas imágenes placenteras en el cerebro y las hace disponibles para recordar. En segundo lugar, el sistema de placer consumatorio, que produce sensaciones de satisfacción y calma después de las experiencias recreativas, descarga oxitocina y serotonina, trayendo sentimientos de serenidad. Las endorfinas también se liberan aumentando la euforia.

Más allá de ver pornografía en revistas o tiras de películas, ver pornografía a través de internet de alta velocidad, con su capacidad de entregar ráfagas rápidas de

---

[93] Acetylcholine plays a central role in the health of the brain. It is stored in the nerve and can be released into the synapse once the nerve is activated. Acetylcholine has several functions. For example, the parts of the brain involved in memory, learning and mood use acetylcholine extensively. It is also responsible for sending messages from the brain to certain muscles causing them to move, helps maintain optimum muscle tone, ensures that mucous membranes are always lubricated and moist and helps to schedule REM or dream sleep necessary for restful sleep.

imágenes sin término, hiperactiva el centro de placer apetitivo, impulsando una oleada de dopamina a través del centro de placer y forzando los mecanismos de atención y motivación de la acetilcolina a concentrarse más intensamente en lo que está desencadenando el aumento de dopamina. Con una estimulación excesiva repetida, el cerebro se adapta a los estímulos que amortiguan la capacidad del sistema de placer para responder no sólo a los mismos estímulos sexuales sino a todos los placeres comunes.

Poco estimulado, el adicto necesita más y más pornografía novedosa en internet para experimentar placer. Por ejemplo, los adictos a la pornografía pueden recurrir a la pornografía infantil, no porque sean pedófilos clínicos sino porque se han habituado y desensibilizado a otras formas de pornografía.[94] La introducción de nuevas imágenes pornográficas, como escenarios de sexo con violencia o humillación, provoca la liberación de más dopamina y genera más excitación. Siguen mirando porque les gusta la "oleada de placer" de la liberación de

---

[94] P. Paul, Pornified (New York: Owl Books, 2005), pp. 196-198; Quale, Ethel, and Max Taylor, Child pornography and the internet: Perpetuating a cycle of abuse." *Deviant Behavior* vol. 23, no. 4 (2002), pp. 331-361.

dopamina, descartando la importancia de cómo los cambios en los centros de placer de su cerebro han alterado lo que les excita sexualmente.

La acetilcolina, que almacena imágenes de placer en el cerebro y las hace disponibles para recordar, junto con la oxitocina, un neuroquímico, que contribuye a crear y edificar una experiencia duradera de placer, se combinan para crear una calidad asociativa al uso de pornografía en internet. Por ejemplo, un pianista que se excita sexualmente cuando ve pornografía en internet mientras toca música clásica puede asociar la música clásica con la estimulación sexual. Más aún, usar el teclado de una computadora le puede recordar que toca el piano, lo que también desencadena excitación sexual. En este momento, el adicto puede "tocar el teclado" de su computadora para excitarse sexualmente.

Las adicciones, a menudo comienzan con elecciones voluntarias de participar repetidamente en un comportamiento, como por ejemplo la elección de consumir bebidas alcohólicas, fumar cigarrillos o consumir drogas. Con el tiempo, el organismo desarrolla una tolerancia a los estímulos y aumentan los umbrales de consumo. De la misma manera, el uso de la pornografía de internet puede comenzar con opciones ocasionales para ver imágenes sexuales. Sin embargo, la internet de alta velocidad y la liberación de neurotransmisores, como la dopamina y la acetilcolina, se combinan para crear una fuerza poderosa que satisface por un corto tiempo a la vez que crea un mal funcionamiento en los centros de placer. Las neuronas del adicto, atacadas por niveles anormalmente altos de dopamina, responden a la defensiva reduciendo el número de receptores a los que se puede unir la dopamina. El adicto experimenta un déficit de dopamina. Aunque los adictos a la pornografía en internet comienzan a usarla por placer, terminan viéndola para aliviar sentimientos de depresión e irritabilidad. Recuperar el poder y control de los centros de placer del cerebro requerirá de un esfuerzo formidable.

Un caso de estudio

Tomás, es un joven de 19 años, estudiante de primer año de universidad, quien se presentó para evaluación psiquiátrica y tratamiento referido por el médico de cabecera de su familia. Estaba saliendo con una mujer que él creía "era con la que Dios quería que me casara". Sin embargo, él estaba preocupado, de que, si ella descubría que era un adicto a la pornografía de internet, ella "me dejaría". Había concertado una cita para hablar con su médico, pero estaba demasiado avergonzado para hablar abiertamente de sus preocupaciones. Su doctor pensó que sólo sufría de depresión y ansiedad. Tomás valoraba su fe y estaba viendo un director espiritual mensualmente.

Tomás vio pornografía de internet por primera vez a los 9 años "por curiosidad". Se excitó con las imágenes. La experiencia fue placentera y también vergonzosa. Comenzó a buscar una estimulación más intensa explorando varios sitios de pornografía. Tomás, le dijo a su director espiritual que estaba luchando con el uso de pornografía en internet. Éste, le indicó a Tomás que orara y parara de ver pornografía. Sin embargo, no recibió instrucciones específicas de cómo abordar el problema ni su director espiritual le hizo más preguntas sobre su preocupación reportada.

Después de innumerables recaídas, Tomás abandonó los esfuerzos para resistirse al uso de pornografía. Evitaba ser honesto con cualquiera sobre sus preocupaciones porque se sentía un fracasado. Se creía incapaz de hacer frente a sus problemas y sin esperanza de verse libre de su adicción.

Cuando Tomás se presentó para evaluación y tratamiento, dijo que éste era su "último recurso". Había estado en terapia anteriormente para tratar problemas de autoestima. No estaba convencido de que la terapia podía realmente ayudarlo. Accedió en secreto a la terapia sólo para poder decir una vez más que la terapia no ayudó. "He intentado todo, y estoy harto de intentar". También reconoció el conflicto entre su uso de la pornografía y su deseo de ser un esposo católico fiel para su novia católica, pero Tomás disfrutaba el placer sexual. Estaba avergonzado de los comportamientos que le llevaron a fantasear con mujeres que vio en internet. Su culpa y vergüenza lo mantenían alejado de su novia e incluso, evitaba a algunos miembros de su familia. Estaba preocupado por las imágenes sexuales. Esto también comenzó a afectar su capacidad de concentración y su interés por obtener un título en ingeniería. Estaba faltando a sus clases en la universidad. Le dijo a su novia que tenía un problema de insomnio y depresión, que su doctor estaba intentando tratar.

Al comienzo del tratamiento, Tomás admitió tener sentimientos encontrados acerca de liberarse de su adicción a la pornografía en internet. Informó que, "Casi toda mi vida he usado pornografía para sobrevivir, lidiar con mis frustraciones y mi soledad. El sólo pensar en no ver pornografía nunca más me atemoriza". Hablamos del hecho de que las estrategias para curar la adicción a la pornografía en internet no eran complicadas. La clave, sin embargo, era si la persona adicta estaba dispuesta a hacer el trabajo de enfrentar las heridas, la vergüenza, la culpa y el enojo de su pasado y estar abierto a la gracia de Dios.

Para comenzar el proceso de curación, Tomás tuvo que ceder todo control; aún estaba tratando de curarse a sí mismo. Renunciar al control no fue rendirse sino entregarse a sí mismo a las gracias de Dios en los Sacramentos, reconstruyendo la relación con su familia, desarrollando la relación con su novia y estableciendo un proceso terapéutico. Para empezar, tenía que ser honesto consigo mismo y con Dios sobre su problema, y tenía que estar dispuesto a permitir que al menos otra persona caminara con él hacia el interior de lo que él llamaba su "caja negra" y continuar caminando hacia la Luz.

Durante las siguientes semanas de terapia intensiva, revisamos en detalle sus patrones de uso de pornografía en internet y la historia de su primera infancia. Poco a poco, con el tiempo, gradualmente Tomás también se comprometió a ser sincero con su familia, a pasar tiempo con sus amigos católicos, a leer las Sagradas Escrituras, participar de la lectura espiritual, acudir a confesión y dirección espiritual con regularidad, aún en medio de las muchas distracciones y tentaciones para actuar sexualmente.

Discutimos los factores detonantes de Tomás y las falsas creencias que lo mantenían encadenado en su adicción a la pornografía. Usualmente, a esto se le denomina Secuencia de Reacción:[95]

- Trigger [Detonante]
  - Ve a una mujer atractiva, escasamente vestida, en la portada de una revista en el pasillo de una tienda de comestibles mientras hace las compras o el "baile" de imágenes de mujeres mientras abre su cuenta de correo electrónico.
  - Una vez que se activa el estímulo, su cerebro le da un significado a este estímulo que provoca una reacción de excitación sexual
- Emoción
  - Se excita más
  - Experimenta una necesidad creciente de buscar por imágenes excitantes

---

[95] K.B. Skinner, *Treating pornography addiction: Essential tools for recovery* (Orem, UT: GrowthClimate, Inc., 2005), p. 45-55.

- Imaginación
  - Imágenes sexualmente excitantes comienzan a llenar su mente
  - Ésto desencadena el pensamiento, "Me gusta lo que estoy sintiendo"

- Descarga química
  - Los neuroquímicos comienzan a correr por su cuerpo
  - NOTA: una vez que una secuencia de reacción está completamente desarrollada en la mente, éstos químicos se liberan en su cuerpo antes de que vea pornografía

- Cambios Fisiológicos
  - Con la liberación de estos químicos, su frecuencia cardíaca aumenta
  - Sus manos se ponen sudorosas o frías
  - Sus ojos se dilatan
  - Sus músculos se tensan

- Batalla de la voluntad

- La lujuria contribuye a la ambivalencia
- Es decir, una voluntad doble

- No debería mirar pornografía
- He hecho esto muchas veces; una más no importará/nadie se enterará

  - Ya a este punto, Tomás ha esperado demasiado tiempo para participar en la batalla contra la lujuria

- El placer sexual se convierte en un fin en sí mismo
- La lujuria lo sumerge en pecados sexuales
- La lujuria ha cegado su razón, y se ha vuelto indiferente a la lucha interior
- El narcisismo o autoenfoque de la lujuria crea en él una aversión por las cosas de Dios
- Sus divagaciones mentales han dado rienda suelta a su imaginación.
- Ya no ejerce autocontrol. Sucumbe a comportamientos sexuales tranquilizadores dando paso a las siguientes creencias:

- “No puedo superar este problema, ¿por qué intentarlo?”; “no es tan malo”; “una vez más no hará daño”
- Ha aceptado su comportamiento como algo que está "bien"
- Respuesta

  - Hace clic en 12-14 sitios pornográficos en la pantalla de su computadora a través de la cual navega en busca de imágenes más emocionantes.
  - Los vídeos le siguen con sus imágenes y sonidos
  - La masturbación intensifica su estimulación sexual, y se “pierde” en el placer sensual

A través de este proceso de detallar su secuencia de reacción, Tomás adquirió conocimientos sobre su adicción y del poder que les había dado a las imágenes pornográficas.

No hay una forma rápida o fácil de borrar de la memoria las imágenes pornográficas asociadas con actividades de cibersexo. Se necesita disciplina mental, emocional y física para liberarse de estas imágenes y comportamientos. Tomás comenzó a darse cuenta de que dejar de ver pornografía requiere un gran conocimiento de sí mismo. También aprendió que la pornografía no es algo que se supere simplemente ejerciendo una gran fuerza de voluntad.

El segundo componente del proceso de sanación se produjo cuando Tomás desarrolló una estrategia para desactivar su secuencia de reacción.[96]

1. Se le pidió que anotara la secuencia de reacción que condujo a los comportamientos que quería cambiar. Esto incluyó:

   - Trazar su secuencia de reacción personal
   - Nombrar por sí mismo detonantes, emociones, imágenes, pensamientos y reacciones fisiológicas, así como las creencias que tenía sobre sus comportamientos
   - Anotar las veces, lugares, situaciones y las compañías en que fue más vulnerables a ceder a la pornografía

---

[96] Ibid., p. 51-55.

2. A continuación, escribió los comportamientos específicos que planeaba cambiar en cada etapa de su secuencia de reacción. Esto incluyó:

   - o Tomar una ruta diferente a casa
   - o Romper rutinas que le han llevado a acceder pornografía en internet. Por ejemplo:

     - Navegación por canales o internet
     - Decirse a sí mismo que se merecía un descanso cuando se sentía abrumado, frustrado, solo, o no apreciado en sus relaciones
     - Tiempo de inactividad
     - Procrastinación
     - Navegar por los estantes de revistas en las tiendas locales, entrar a las tiendas de alquiler de vídeos

   - o Cuando uno de sus detonantes para buscar imágenes pornográficas se presentaba, el planeaba actividades alternas, tales como:

     - Concentrarse en atender una necesidad de su familia

- Llamar a un amigo
- Orar a Dios pidiendo su ayuda
- Hacer alguna actividad física
- Imaginar cómo se sintió después de haber visto pornografía. Por ejemplo, imaginar su vida sin su familia y amigos y considerar cómo expresarles cuánto los valora

3. Después, se le pidió que se comprometiera a revisar su plan de acción cada vez que su secuencia de reacción se iniciara para así evaluar la eficacia de su plan de acción
4. Este proceso contribuyó a una nueva capacidad para desactivar su secuencia de reacción.
5. También identificó creencias que le dan "permiso" para ver pornografía.

Identificar su secuencia de reacción y anotar su plan de acción le permitió a Tomás romper sus patrones de comportamiento adictivos y a evitar o desactivar sus puntos detonantes.

El tercer componente del proceso de sanación de Tomás fue cuando comenzó a explorar el poder que le había dado a sus creencias negativas o distorsionadas. A lo largo de los años, se había formado creencias negativas o distorsionadas sobre sí mismo que evolucionaron a partir de experiencias durante su infancia. Estas creencias provocaron sus recaídas. Algunas de sus principales creencias eran:

- Soy inferior, indigno de amor, inadecuado
- Estoy solo
- Nadie entiende lo mucho que me esfuerzo, pero no puedo parar
- Repetidamente me he dicho a mí mismo que no voy a recaer otra vez, pero sigo volviendo a lo mismo
- Me merezco algún placer que no lastime a nadie más
- Soy una mala persona
- Nadie me querria, si supieran realmente quien soy
- No puedo cumplir con las expectativas de un buen católico y buen esposo

Estas creencias mantuvieron a Tomás atrapado en lo que él llamó "mi caja negra". No se había dado cuenta de esto hasta que escribió estas creencias negativas y distorsionadas y vio como estos pensamientos estaban irremediablemente dirigiendo su vida diaria. Trabajamos juntos para que superara cada creencia negativa sobre sí mismo y trabajara para hacer que la realidad influyera en su problema.

Hoy en día, Tomás continúa tomando medidas radicales para evitar las ocasiones de pecado, tanto las distantes, como las cercanas. Diariamente, toma la decisión sincera de liberarse de la pornografía en Internet y luego actúa en base a esa decisión. Ha limpiado su computadora de todas las imágenes pornográficas, ha trasladado su computadora a un lugar abierto, usa internet muy poco, instaló un filtro, tiene un compañero responsable al que llama todos los días y cuando tiene la tentación de ver pornografía. Su ancla es ahora su vida de oración y su vida sacramental. Se ha comprometido a compartir diariamente con su familia y amigos, a la lectura de las Sagradas Escrituras, la lectura espiritual, la confesión regular y dirección espiritual. Se esfuerza por hacer actos de fe, esperanza y caridad y de crecer en las pequeñas virtudes. Ha comenzado a recuperar su autoestima como estudiante universitario católico, pero aún enfrenta una batalla diaria con la pornografía. Un factor fundamental para su continuo crecimiento y desarrollo humano es que su lucha está ahora al descubierto y que él está trabajando, un día a la vez, para resistir el impulso de ver imágenes pornográficas.

Conclusión

Con habilidades inagotables, la internet puede ser una herramienta poderosa para aprender y comunicarse. En su discurso de la Jornada Mundial de las Comunicaciones de 2002, el Papa San Juan Pablo II escribió:

> La Internet causa que miles de millones de imágenes aparezcan en los monitores de millones de computadoras alrededor del planeta. Desde esta galaxia visual y de sonido, ¿surgirá el Rostro de Cristo, será escuchada su voz? Porque sólo cuando se vea su Rostro y se escuche su voz el mundo conocerá las buenas nuevas de nuestra redención. Este es el propósito de la evangelización. Y es esto lo que hará de la Internet un espacio auténticamente humano, porque si no hay lugar para Cristo, no hay lugar para el hombre. Por tanto, me atrevo a convocar valientemente a toda la Iglesia a cruzar este nuevo umbral, a adentrarse en lo profundo de la Red, para que ahora como en el pasado el compromiso del Evangelio y la cultura puedan mostrar al mundo 'la

Gloria de Dios en el Rostro de Cristo' (2 Cor 4:6). Que el Señor bendiga a todos los que trabajan por este objetivo. (Juan Pablo II, Internet: Un nuevo foro para proclamar el Evangelio, Nº 6).

La nueva frontera del segundo milenio, el ciberespacio, está repleta de interacciones de peligros y promesas. Armados con la visión de nuestra dignidad trascendente como personas, cada uno de nosotros está convocado a la gran aventura de utilizar el potencial de la internet para proclamar el Evangelio de Cristo.

Sección 4

Lo que los Padres deben conocer sobre las Aplicaciones más populares de las redes sociales que usan los Adolescentes[97]

Esta sección describe algunas de las aplicaciones digitales y sitios web más populares usadas por los adolescentes. Los padres no necesitan saber todo de cada aplicación o sitio web para proveer una red de seguridad para sus hijos. Conocer los conceptos básicos, como lo que hace cada aplicación, por qué es tan popular y qué problemas pueden ocurrir si no se usa de manera responsable ayudará a los padres a comunicarse con sus adolescentes sobre cómo tomar decisiones que serán una fuerza positiva en sus vidas en lugar de una experiencia negativa para ellos, pero sin asfixiarlos.

Kik Messenger fue fundado en el año 2009 por un grupo de estudiantes de la Universidad de Waterloo en Canadá y lanzado al mercado en el año 2010. En esta aplicación los niños envían mensajes de texto gratis. Es

---

[97] Review for what your kids want to watch (before they watch it). Common Sense Media. https://commonsensemedia.org

rápida y no tiene límites de mensajes. Debido a que es una aplicación, los mensajes de texto no aparecerán en el servicio de mensajes telefónicos de un adolescente y no se les cobrará a los padres por este servicio de mensajería más allá de la tarifa de datos standard.

Lo que los padres tienen que saber:

- Permite que varias personas envíen imágenes o capturas de pantalla
- Puede mostrar el nombre completo de un usuario
- Es popular entre adolescentes para coquetear y sextear (sexting)
- Dado que es imposible verificar la identidad de alguien en Kik, tiene el potencial de atraer depredadores en línea ooVoo fue fundado en el año 2006 por Clay Mathile, empresario de Ohio.

OoVoo es una aplicación gratuita de vídeo, voz y mensajería. Los usuarios pueden tener grupos de chat de hasta 12 personas, libre de cargos. Es común que los adolescentes inicien sesión después de la escuela y mantengan esta aplicación abierta mientras hacen la tarea.

Lo que los padres tienen que saber:

- Los usuarios sólo pueden comunicarse con aquellos en sus listas de contactos aprobados, lo que puede aliviar las preocupaciones de seguridad de los padres.
- Puede ser una distracción porque el servicio de vídeo chat es muy accesible y de un costo muy razonable
- También puede ser adictivo

Instagram fue creado en octubre de 2010, por Kevin Systrom y Mike Krieger, ambos de la Universidad de Stanford. Tiene más de 200 millones de usuarios que publican más de 60 millones de fotos diariamente. Esta aplicación tiene docenas de sistemas de filtrado con muchas opciones de edición que ayudan a los usuarios a producir las imágenes "casi perfectas" que compiten por la mayor cantidad de "Me gusta" por su foto.

Instagram permite a sus usuarios:

- Tomar, editar y compartir fotos y vídeos de 15 segundos
- Aplicar filtros y efectos divertidos a sus fotos

Las fotos y vídeos en Instagram son de carácter público a menos que los ajustes de privacidad sean activados. Los hashtags e información de ubicación hacen que las fotos sean visibles más allá del grupo de seguidores del adolescente si la cuenta es de carácter público. Instagram ahora permite "mensajes privados" para hasta 15 amigos.

Los adolescentes suelen estar más a la búsqueda de "Me Gusta". La persona de las redes está más necesitada que la de la vida real. Si no reciben suficientes "Me Gusta" for su selfie como esperaban, deciden publicar otro, pero si aún así no reciben una buena respuesta, ésto puede afectar su confianza en sí mismos. La Sociedad, después de Instagram, se ha encaprichado en tomar fotos, subirlas a la aplicación, cambiar lo que ven con los filtros y las posibilidades de edición, lo que sugiere que Instagram ha creado una noción subconsciente de que las personas y los lugares no son lo suficientemente buenos en su forma natural. Los adolescentes se sienten insatisfechos con ellos mismos y con sus cuerpos.

Tome en cuenta este ejemplo:

Essena O'Neill,[98] a pesar de tener más de medio millón de seguidores en Instagram, 200,000 en YouTube y Tumblr; y 60,000 en Snapchat anunció que se alejaba de las redes sociales para siempre. La australiana, quien en ese tiempo contaba con sólo 18 años de edad, estaba viviendo lo que parecía ser una vida "perfecta" escribió en una publicación en Instagram: "Me voy de Instagram, YouTube y Tumblr. Borré más de 2,000 fotos que no tenían otro propósito más que el de la autopromoción. Sin darme cuenta, he pasado la mayor parte de mi vida adolescente siendo adicta a los medios de comunicación social, a la aprobación social, al estatus social y a mi apariencia física... Los medios sociales, especialmente como los uso, no son reales. Son imágenes artificiales y clips editados que se comparan entre sí." En su vídeo en YouTube, O'Neill habló sobre lo infeliz que la hacía su obsesión por los medios sociales. "Pasé horas viendo chicas perfectas en línea, deseando ser como ellas. Luego, cuando era 'una de ellas' todavía no estaba feliz ni en paz conmigo misma". Cambió el nombre de la publicación de

---

[98] M. McCluskey, Teen Instagram star speaks out about the ugly truth behind social media. *Time*. (November 2, 2015.) http://time.com/4096988/teen-instagram-star-essena-oneill-quitting-social-media/

su último vídeo en YouTube a "Las Redes Sociales No Son la Vida Real". Decidió editar los subtítulos de las fotos que guardaba de manera que éstas reflejaran la verdad de lo sucedido "detrás" de las imágenes. Ahora, esta adolescente está lanzando su propio sitio web, *Let's Be Game Changers*, dónde espera continuar educando la gente sobre la naturaleza destructiva de tratar de obtener aprobación en las redes sociales. "Sé que no viniste a este mundo sólo queriendo adaptarte o sobrevivir. Si estás leyendo esto ahora es porque eres un punto de inflexión (a game changer), quizás no conozcas aún tu poder, sólo ahora yo estoy encontrando el mío, pero... cuando lo encuentres... ¡será fantástico, te volverás loco! ¡Será genial! ¡Tú, serás genial!", escribió.

Snapchat, lanzado en el año 2011, fue desarrollado por Evan Spiegel y otros dos estudiantes de la Universidad de Stanford. Éste fue el proyecto final de Spiegel para su clase de diseño. Inicialmente le dió el nombre de Mensajería de fotos "Peekabo" porque producía lo que él llamaba "fotos impermanentes". Los usuarios toman fotos, graban vídeos, añaden textos y dibujos y los envían a una lista controlada de destinatarios. El remitente, establece un límite de tiempo durante el cual el remitente puede ver sus mensajes con fotos, que puede oscilar entre

1 y 10 segundos antes de ser eliminadas del servidor. Spiegel cambió el nombre de la aplicación a Snapchat. Para mayo de 2012, ya se podían enviar 25 por segundo. Para noviembre de 2012, mil millones de fotos habían sido compartidas con veinte millones de ellas siendo compartidas por día.

Snapchat permite a sus usuarios poner un límite de tiempo a las fotos y vídeos que envían antes de que desaparezcan. Muchos adolescentes usan la aplicación para compartir fotos ridículas y vergonzosas. Es un mito que las Snapchats desaparecen para siempre. Los mensajes, aparentemente "libre de riesgos", pueden animar a los usuarios a compartir imágenes inapropiadas (a menudo sexuales). Además, el número total de chats recibidos y enviados se puede añadir para ver. Los amigos pueden ver puntuación que quién tiene más vistas.

Tumblr es una aplicación que transmite texto, fotos y/o vídeos; y clips de audio. Es fácil encontrar imágenes y vídeos pornográficos, representaciones de violencia, autolesiones, uso de drogas y lenguaje ofensivo en esta aplicación. Los usuarios tienen primero que crear un perfil que pueda ser visto en línea por cualquier persona. Para privacidad, un segundo perfil debe ser creado. A menudo, las publicaciones son compartidas. ¿Los padres, realmente quieren las palabras y fotos de sus hijos en la página de otra persona?

Vine permite al usuario publicar y ver vídeo clips de 6 segundos en ciclo. Luego de unos pocos minutos de búsqueda al azar, lo más probable es que el usuario se encuentre con fotos de hombres y mujeres desnudos así como también de personas que se lanzan humo de marijuana entre sí. Los adolescentes han creado vídeos de miembros de su familia y los han publicado. ¿Quién sabe cómo fueron modificados?

YouNow permite a sus usuarios transmitir en vivo desde cualquier lugar. Los usuarios pueden buscar temas como "bailar" o "cantar". Los artistas de YouNow son a menudo adolescentes. Los espectadores pueden hablar con los artistas. También, los espectadores pueden dar propina con dinero real si les "Gusta" el artista. Las actuaciones son a menudo de naturaleza o contenido sexual. Los adolescentes transmiten en vivo presentándose a ellos mismos durmiendo y millares de espectadores están mirando.

Whisper es una red social anónima. Se le ha llamado el "confesionario en línea" porque les permite a sus usuarios publicar lo que sea que esté en sus mentes unido a imágenes y sin compartir ninguna información de identidad. Mucho del contenido es sexual, sobre depresión, abuso de sustancias, mentiras a empleadores/ maestros o sentimientos personales de inseguridad. Una sección de "reuniones" fomenta el intercambio de información personal.

Yik Yak es una aplicación de red social gratuita. Usuarios publican comentarios en los 500 usuarios de Yik Yak más cercanos geográficamente. No se requiere otra identificación que la ubicación del usuario. Con frecuencia las publicaciones son de tono sexual, sobre uso de alcohol o drogas, pueden contener comentarios tóxicos o acoso cibernético. Las publicaciones son selecciodas por el voto de otros usuarios. Dos o más votos negativos eliminan la publicación. Cierres escolares han ocurrido debido a amenazas publicadas.

Omegle se trata de poner a dos desconocidos juntos a chatear a través de texto o vídeo. No es necesario registrarse para esta aplicación o sitio web. "Casillas de Interés" permiten a los usuarios seleccionar a un extraño por compañero de chat basado en sus intereses compartidos. Impregnado con personas que chat o video sexual, Omegle ofrece enlaces a sitios pornográficos. El anonimato que ofrece esta aplicación la hace atractiva para algunos adolescentes y potencialmente alberga depredadores sexuales.

AfterSchool está en las instalaciones de más de 23,000 escuelas secundarias. Está disponible sólo para adolescentes y requiere verificación de que el usuario está en escuela secundaria. La escuela secundaria dónde se origina una publicación es la única información de identificación proporcionada. AfterSchool no identifica quién escribió la publicación. El anonimato fomenta el acoso cibernético, sexteo y chateo de alcohol, tabaco u otras drogas.

Ask.fm es un sitio de preguntas y respuestas que se nutre del anonimato. Los participantes crean perfiles (reales o no) sobre el que cualquier persona, no sólo miembros del sitio, pueden hacer preguntas. Ask.fm tiene más de 120 millones de usuarios, de los cuales quince millones viven en los Estados Unidos. El sitio web está situado en Irlanda con satélites en Riga, Latvia y Oakland, California. Los fundadores del sitio web son Mark e Iga Terebin quienes son hijos de un adinerado oficial del Ejército Rojo. Este sitio está integrado con Facebook y

Twitter. Por lo tanto, lo que se comparte en Ask.fm se puede compartir fácilmente en otros sitios. Las preguntas que se hacen con frecuencia son sexuales o humillantes y pueden ser capturadas en la pantalla y enviarse a amigos para causar vergüenza. Este sitio está "asociado con algunas de las peores formas de acoso cibernético y se le ha relacionado con numerosos suicidios alrededor del mundo".[99]

Voxer fue creado por Tom Katis and Matt Ranney en mayo de 2011. Katis fue Sargento de las Fuerzas Especiales de Comunicación en Afganistán. Después de su período de servicio en el año 2007, diseñó Rebelvox para mejorar las comunicaciones entre soldados en el campo de batalla, lo que convirtió un teléfono inteligente en transmisor-receptor (walkie-talkie). Además de enviar mensajes de voz de ida y vuelta, los usuarios de Voxer también pueden enviar mensajes de texto, fotos, o información de

[99] R. Cooper, 'Bullying is relentless these days – there is no break from it': Mother's campaign to close Ask.FM after her daughter's suicide because of online abuse. *DailyMail.* (November 19, 2013.) https://dailymail.co.uk/ news/article-2509874/Mothers-campaign-close-Ask-fm-daughter-Izzy-Dixs- suicide.html

ubicación. Esta aplicación de mensajería ha sido usada para acoso cibernético.

Blendr is una aplicación de flirteo anónima que se utiliza para conocer gente nueva a través de los servicios de ubicación GPS. Las personas pueden enviear mensajes, fotos y vídeos, y pueden calificar el atractivo de otros usuarios. No hay requisitos de autenticación. Blendr es usada a menudo para el acoso por un grupo de chicos que seleccionan a otro chico para deliberadamente hacer que su calificación baje. Los depredadores sexuales pueden también ponerse en contacto con menores y los menores pueden encontrarse con adultos a través de esta aplicación.

Hot or Not es una aplicación de citas que permite a los espectadores juzgar el atractivo de las fotos de otros indicando con un signo de corazón o una X. #tbh valora los selfies de otros. Por ejemplo, "¿Soy bonita?" or "Creo que eres muy bonita".

#tbh, o "A decir verdad" ("To Be Honest"), es un término que alienta a los usuarios en línea a expresar sinceramente lo que sienten acerca de una persona o la idea que publican. Por ejemplo, alguien puede publicar

una foto o un pensamiento y otros pueden responder con: "TBH, eres realmente muy bonita, aunque no hablamos tanto como me gustaría" o "Nunca te he dicho ésto pero TBH, creo que la forma en que escribes música y tocas la guitarra es increíble". TBH conlleva tanto el poder de levantar a una persona como el de abatir a otra. TBH se ha hecho tan popular que los empresarios han introducido una página de Facebook de la aplicación TBH con instrucciones de cómo escribir un TBH para "descubrir lo que tus amigos "REALMENTE" piensan de ti".

Términos adicionales de tendencia que puede ser útil conocer:

JBH = Just Being Honest (Sólo Siendo Sincero)
LBH = Let's Be Honest (Seamos Sinceros) o Loser Back Home (Perdedor En Casa)
TBBH = To Be Brutally Honest (Para Ser Brutalmente Honesto)
SMEXI = Inteligente y Sexy IMO = En Mi Opinión GOMB = Déjame en Paz KOTL = Beso En Los Labios
KOS = Matar a la Vista. Este es un término que se originó con los juegos de guerra en línea como World of Warcraft. Básicamente significa, marcado para morir

con solo enseñar tu rostro. Sin embargo, también puede usarse como amenaza por un acosador cibernético.

S&D = Buscar y Destruir (también pudiera ser una amenaza)

Ug = Feo

CID = Ácido (como en, la droga) WAW = Qué Desperdicio

CNBU = No Puede Pasar Desapercibido Gomer = Friki, extraño, nerd

Ratchet = Feo, desagradable, horrible Broken = Resaca de Alcohol

Beep face = Un insulto general

Butter face = Se refiere a una persona con un supuesto cuerpo bonito, pero cara fea

420 = Esto significa marihuana (también busque palabras como 420 4life, boo, blunt, y Buda)

ASLP – Edad, Sexo, Ubicación, Foto FYEO = Para Tus Ojos Solamente CD9 = Código 9; padres cerca

POS = Padres Vigilando Cerca Sugarpic = Foto Erótica o Sugestiva 53x = Sexo

Recomendaciones:

Los padres pueden ayudar a guiar a sus hijos en el uso de aplicaciones para conectarse y divertirse y a no alimentar dudas de sí mismos. Interésese en las actividades en línea de sus hijos. Inicie una conversación sobre las prácticas de juego y aplicaciones de sus hijos, sus éxitos y luchas.

No asuma que sus hijos comprenden los riesgos digitales que pueden encontrar en estas aplicaciones. Los niños pueden tener habilidades tecnológicas, pero carecen de la sabiduría necesaria para navegar por interacciones digitales riesgosas. Con el tiempo, muchos niños van a encontrarse en medio de una situación delicada. Ayúdelos a desarrollar una consciencia saludable de los problemas potenciales, a no tener miedo de hablar con usted sobre sus preocupaciones y a aprender etiqueta social en línea basada en la virtud para las situaciones que puedan encontrar.

Aquí algunas sugerencias:

- Sea un modelo a seguir saludable
- Guíe a los niños a publicar comentarios constructivos para sus amigos

- Entre activamente en su mundo, participando en sus juegos y usando aplicaciones con sus hijos
- Conozca los sitios de medios sociales que sus hijos están usando. Explore el sitio, y edúquese en lo que cada uno ofrece y cómo lo están usando los niños
- Hable sobre las fotografías que publican
- Pregúnteles cómo les hacen sentir los comentarios (feedback)
- Ayúdeles a desarrollar una imagen saludable de sí mismos
- Imponga límites
- Coloque las computadoras en una sala pública
- Hablar del sexteo (sexting)
- Hablar acerca del acoso cibernético
- Denunciar conductas abusivas
- Adviértales sobre extraños
- Mantener contraseñas fuertes/seguras
- Mantener su red doméstica actualizada, limpia y protegida

Sección 5

¿Los Medios Electrónicos Nos Están Haciendo Más Inteligentes?

Antes de la llegada de la internet, nunca fuimos capaces de saltar entre un enlace de material y otro. Hoy en día, comenzamos una búsqueda y otro motor de búsqueda nos llama la atención sobre algunas palabras o frases relacionadas con nuestra búsqueda. Hacemos clic en el enlace asociado a estas palabras y el foco de lo que estamos buscando se amplía. Información pertinente se hace más difícil de distinguir de la menos importante o inadecuada. La afluencia de mensajes que recibimos en línea comienza a sobrecargar nuestra memoria de trabajo o de corto plazo. Es como intentar leer un libro mientras se hace un crucigrama. El proceso de consolidación de la memoria se ve obstaculizado. La organización de la información traída a la pantalla por varios motores de búsqueda y su almacenamiento en patrones de conocimiento se reduce, y menos se integra como concepto o principio para ser almacenado en nuestra memoria de largo plazo.

Jakob Nielsen, un consultor de diseño web que realizo un estudio de seguimiento ocular de los usuarios de la

World Wide Web, encontró que una gran mayoría de los usuarios hojearon rápidamente texto con un patrón en forma de 'F'.[100] Es decir, miraron todo el tiempo a través de una o dos líneas de texto, y luego bajaron a las próximas líneas de material escrito que son escaneadas sólo a la mitad. Este estudio estimó que una persona lee el 18% de una página muy extensa en la World Wide Web, por lo que es probable que omitan puntos sobresalientes en el texto. Tal enfoque de la lectura en la Red no aumenta el conocimiento, la integración del material ni la comprensión.

Sin embargo, ciertas habilidades cognitivas se ven reforzadas por la World Wide Web. Éstas, tienden a implicar funciones mentales más primitivas como la coordinación ojomano, respuestas de reflejos y el procesamiento de las señales visuales.

---

[100] J. Nielsen, F-shaped pattern for reading web content (original study). NN/g Nielsen Norman Group. (April 17, 2006.) https://www.nngroup.com/articles/f-shaped-pattern-reading-web-content-discovered/

¿Qué pasa con las computadoras portátiles inalámbricas en el aula?

Los investigadores están mirando ahora a los efectos del uso de la computadora para aprendizaje en el aula. Muchos profesores universitarios están descubriendo que deben elegir si deben o no restringir el uso de computadoras portátiles y otros dispositivos electrónicos en sus aulas o dejar que sus estudiantes decidan esto por sí mismos–algo que nunca pensaron hace diez o quince años atrás.

A menudo, son los estudiantes quienes deciden entre tomar notas electrónicamente o a mano. Es un hecho que los estudiantes que poseen un dispositivo electrónico en el aula no lo usan sólo para tomar notas en clase, sino también para consultar sus cuentas de Instagram, Facebook o Twitter o navegar por la Web para consultar las noticias o, por ejemplo, ver qué hay de nuevo en eBay. Estudios demuestran que esa multitarea reduce el aprendizaje de los estudiantes.[101] Esto es así no solamente

---

[101] H. Hembrooke, The laptop and the lecture: The effects of multitasking in learning environments. *Journal of Computing in Higher Education* Volume 15, Number 1, 2003 ISSN 1042-1726, p. 46-64.

para los estudiantes que usan sus computadoras o tabletas sino también para sus compañeros vecinos que se distraen con el parpadeo de las luces de las pantallas que les rodean.[102]

¿Cómo abordamos todo esto, dado el hecho de que la mayoría de nuestras escuelas hoy en día enseñan con tecnología? ¿Qué nos dicen los estudios sobre los efectos del uso de la computadora en el aprendizaje? Algunos estudios examinaron la correlación entre el dispositivo utilizado (computadora, iPad o bolígrafo) y el tipo de aprendizaje que tuvo lugar. Algunos estudios asignaron el uso de computadoras a un grupo de estudiantes y a otro grupo el tomar notas a mano. El problema con el primer enfoque es que no todos los estudiantes utilizan la computadora para aprender de la misma manera. Por ejemplo, pudiera ser que los estudiantes que utilizan computadoras o tabletas para tomar notas se aburren o distraen más fácilmente y, por lo tanto, exhiben menor rendimiento en los exámenes que sus compañeros que prefieren tomar notas a mano.

---

[102] Stop Multitasking! It's Distracting Me (And You), August 19, 2013 10:49 AM ET Commentary Tania Lombrozo, NPR.

En este escenario, el bajo rendimiento académico no está directamente relacionado al uso de una computadora para tomar notas en el aula. Además, la falla con el enfoque comparativo de los estudiantes asignados a usar una computadora y aquellos asignados a tomar notas a mano es que tales experimentos, generalmente, observan a los estudiantes sólo por pocas horas.

Un estudio más preciso de los efectos del uso de la computadora en el aprendizaje de los estudiantes requeriría un grupo mayor de estudiantes asignados al azar a cursos idénticos que varían sólo en cuanto a si se les permite usar computadoras o tabletas durante la clase. West Point[103] hizo un estudio de este tipo mirando a 726 estudiantes de segundo año en un curso de introducción a la economía. Los estudiantes fueron asignados aleatoriamente a tres versiones idénticas del mismo curso que difieren sólo en la forma que se les permitió tomar notas en clase: No se permiten dispositivos en el aula; uso de dispositivos electrónicos todo lo que quieran; o deben pedir permiso para usar una tableta o computadora

---

[103] Susan Payne Carter Kyle Greenberg Michael Walker, Working Paper #2016.02 The Impact of Computer Usage on Academic Performance: Evidence from a Randomized Trial at the United States Military Academy, May 2016.

"abierta" en el escritorio. Este estudio continuó durante todo el curso del semestre. Todos los estudiantes hicieron los mismos exámenes, tanto de respuesta corta como de preguntas de opción múltiple. Los exámenes fueron calificados por un sistema automatizado de medidas objetivas de aprendizaje evaluadas en todos los estudiantes de las tres versiones del curso. Los resultados mostraron que los estudiantes que estaban en la versión del curso que permitía el uso de computadoras o tabletas tuvieron un rendimiento significativamente peor que sus compañeros que tomaron la versión del curso en la que no se permitían las computadoras. Los investigadores consideraron además las puntuaciones del ACT y el GPA de referencia. No hubo diferencias estadísticamente significativas en las puntuaciones de los tres grupos de estudiantes. Basándose en este hallazgo, West Point concluyó que "retirar computadores portátiles y tabletas de un aula equivale a mejorar la calidad del profesor en más de una desviación estándar".[104]

Este estudio de la Academia Militar estadounidense y otros similares plantean la cuestión: ¿Qué tiene el uso de las computadoras en el aula que disminuye el aprendizaje de los estudiantes? Los autores sugieren un par de

---

[104] Ibid.

posibilidades. En primer lugar, los estudiantes están usando las computadoras y tabletas para tareas no relacionadas con el curso, como acceder a sitios en las redes sociales o enviar correos electrónicos, o navegar por la Red. En segundo lugar, tomar notas en una computadora es menos efectivo para el material de aprendizaje que escribir a mano las notas de la clase.[105] Los estudiantes que toman notas en una computadora tienden a escribir textualmente lo que escuchan sin comprometer el procesamiento más profundo requerido para el aprendizaje conceptual. En los exámenes, los estudiantes que tomaron notas a mano obtuvieron mejores resultados que los que usaron computadoras debido al necesario compromiso de aprendizaje más profundo que requieren las notas manuscritas en comparación con las notas mecanografiadas. En tercer lugar, los autores especularon con que los profesores y los estudiantes interactúan de manera diferente en un aula en la que los estudiantes

---

[105] Pam Mueller and Daniel Oppenheimer, The Pen Is Mightier Than the Keyboard Advantages of Longhand Over Laptop Note Taking, *Journal of Experimental Psychology Learning, Memory, and Cognition*, 36, April 23, 2014, 1118–1133.

miran con mayor frecuencia a las pantallas de sus computadoras.

Los investigadores en Noruega observaron la multitarea no en las computadoras sino en los celulares, y descubrieron que al hacerlo creaban límites generacionales que socavaban los rituales familiares y la comunicación compartida, aumentando la importancia del grupo de compañeros y disminuyendo al mismo tiempo la importancia de la familia.[106] Elinor Ochs, antropóloga del Sloan Center de la Universidad de California, Los Ángeles (UCLA), también descubrió que la multitarea contribuye a la disminución de la interacción familiar.[107] Estos costos sociales pueden estar contribuyendo a la sensación de soledad descrita en los iGenes debido a la disminución de su sentido de pertenencia.

---

[106] P. Greenfield and Y. T. Uhls, explore research on how media multitasking affects productivity and development. Common Sense Media. (January 21, 2010.) https://www.commonsense.org/education/blog/expert- article-kids-and-multitasking

[107] C. Mulligan, The truth about teens and multi-tasking. The Children's Digital Media Center. (November 23, 2011.) https://cybersolutionstoday.blogspot.com/ 2011/ 11/truth-about-teens-and-multi-tasking.html?m=0

Sugerencias

¿Qué puede disminuir algunos de los efectos cognitivos y sociales de la multitarea? Una respuesta es, leer. Las investigaciones han demostrado que la cantidad de lectura fuera de clase realizada durante los años de universidad es un predictor estadísticamente significativo de las habilidades de pensamiento crítico. Además, la lectura promueve la imaginación, aumenta el vocabulario y fomenta la reflexión. También, participar en más actividades cara-a-cara ayuda a promover la unión con quienes vivimos y con quienes nos encontramos en nuestras vidas diarias.

Tal vez, lo más importante es fomentar los descansos de la multitarea, o evitarla. Para los padres, esto puede significar poner límites al tiempo de los medios, o apagar la TV y sacar un juego de mesa que requiera concentración en una sola tarea. Pero, por lo general, esto significa reducir un poco el ritmo y fomentar el tiempo en familia, ya que las influencias positivas de los padres durante el desarrollo del niño son más significativas cuando los padres pasan tiempo con sus hijos.

¿Qué podrían hacer nuestras escuelas?

Es importante preguntarse cuáles con las situaciones en que el uso de las computadoras sería de mayor beneficio. La tecnología se está incorporando cada vez más y más en los entornos educativos para mejorar el aprendizaje. El enfoque no debería ser el de enseñar con tecnología sino el de usar la tecnología para transmitir el contenido de manera más poderosa y eficiente. Bien pensado, las experiencias educativas mejoradas pueden ser el resultado. Ésto, puede ciertamente añadir una carga a muchos profesores en los preparativos de sus aulas.

En el caso de los niños, considere hacer que parte de la asignación del aula sea recopilar YouTube, archivos de audio, sitios web u otro material en línea relacionado con el tema de instrucción. Por ejemplo, si un profesor está enseñando una unidad sobre la historia de San Luis, Filadelfia o de la Colombia Británica, los estudiantes pudieran dividirse en grupos para buscar enlaces en colecciones de fotos, podcasts, videos en YouTube y otras presentaciones multimedia sobre acontecimientos ocurridos durante un determinado período histórico en la zona geográfica que se estudia. Un profesor podría entonces asignar a los estudiantes a presentar su trabajo de grupo al resto de la clase. Tales tareas que requieren la integración de material para una comprensión más profunda y de enseñar a otros de lo que se ha aprendido, ayudan a crear experiencias educativas más ricas para los estudiantes.

Necesitamos aprovechar esta nueva generación de niños y personas jóvenes que aman la tecnología para reenfocar la forma en que estas personas son educadas. Al hacerlo, los estudiantes son más propensos a participar en lo que están aprendiendo. Los profesores pueden acceder a una enorme cantidad de contenido curricular en línea en una variedad de formatos, incluyendo pedazos de audio y vídeo que pueden ayudar a dar vida al material para los estudiantes. Estos materiales suelen ser gratuitos.

Entre los sitios útiles se incluyen:

- Discovery Education's Lesson Plan Library (http://school.discoveryeducation.com/lesson plans)
- Teachers Helping Teachers (http://www.pacificnet.net/~mandel/index.html)
- TeachersFirst.com (http://www.teachersfirst.com/index.cfm)
- Thinkfinity (http://www.thinkfinity.org/lesson-plans)

- Institute for Theological Encounter with Science and Technology (http://www.faithscience.org/creationlens)

Sección 6

Motivando al Genio Humano a Crear Aplicaciones que Promuevan la Salud Neurocognitiva (en lugar de crear más aplicaciones diseñadas para volverse adictivas)

Aunque algunas neurociencias se han centrado en el desarrollo de aplicaciones y dispositivos de juego que son adictivas, ciertos grupos de investigadores centran hoy en día sus esfuerzos en aprovechar las características cautivadoras de la tecnología para fomentar un desarrollo humano saludable. El Instituto MIND (Investigación Médica de Desórdenes del Desarrollo Neurológico) en UC Davis es una de esas instalaciones. La impulsividad se ve característicamente en el Trastorno por Deficit de Atención e Hiperactividad (TDAH) y otros trastornos del desarrollo neurológico. El Instituto MIND está explorando si los juegos diseñados científicamente podrían ayudar a atenuar algunos de los déficits del TDAH y otros trastornos similares.[108]

---

[108] A. Swillen, E. Moss, S. Duijff, Neuro-developmental outcome in 22q11.2 deletion syndrome and management, *AJ*

El Doctor Simon, un neurocientífico en UC Davis, está desarrollando videojuegos dirigidos específicamente a mejorar la capacidad cognitiva espacio-temporal de los jugadores. El Doctor Simon hace la importante distinción de que jugar juegos de acción disponibles en el mercado pueden desarrollar habilidades, pero tales juegos no necesariamente desarrollan capacidad: "Si lanzo una moneda al aire cien veces, puedo ser bueno lanzando monedas al aire, pero no me ayuda a tocar el piano". El Doctor Simon y sus colaboradores de trabajo han desarrollado videojuegos de creación de capacidad cognitiva espacio-temporal que actúan como "medicina digital" para tratar a niños y adultos con discapacidades cognitivas espacio-temporales.[109] El tratamiento actual para niños de edad escolar con TDAH es la prescripción de estimulantes y otros medicamentes cuyos efectos secundarios pueden incluir problemas con el sueño y el apetito. Aunque queda mucho por investigar, las primeras

---

Med Genet A, 2018 Oct;176(10): 2160-2166. doi: 10.1002/ajmg.a.38709.

[109] A. Fell, Startup Cognivive plans games as digital therapies. UC Davis. (November 6, 2017.) https://www.ucdavis.edu/news/startup-cognivive-plans-games- digital-therapies/

pruebas piloto de esta "medicina digital" parecen esperanzadoras.

El Instituto MIND también está estudiando la tecnología para entender mejor la distracción en los trastornos del desarrollo y algunas enfermedades mentales. Su objetivo es desarrollar tratamientos específicos para la falta de atención y la hiperactividad que a menudo tienen ramificaciones devastadoras en el rendimiento social y laboral.[110] Otros investigadores están explorando el beneficio potencial de la terapia de videojuegos en víctimas de lesiones cerebrales que tienen dificultad para controlar sus habilidades motoras y para personas con déficits de memoria asociados a procesos de envejecimiento.[111]

---

[110] S. Benyakorn, C. A. Calub, S. J. Riley, A. Schneider, A. M. Iosif, M. Solomon, D. Hessl, J. B. Schweitzer, Computerized cognitive training in children with autism and intellectual disabilities: Feasibility and Satisfaction Study", *JMIR Ment Health*, 2018 May 25;5(2):e40. doi: 10.2196/mental.9564.

[111] S. Straudi, G. Severini, A. Sabbagh Charabati, C. Pavarelli, G. Gamberini, A. Scotti, N. Basaglia, The effects of video game therapy on balance and attention in chronic ambulatory traumatic brain injury: an exploratory study, *BMC Neurol.* 2017 May 10;17(1):86. doi: 10.1186/s12883-017-0871-9; J. P. Cuthbert, K. Staniszewski, K. Hays, D. Gerber, A. Natale,

Todavía se desconoce cómo las experiencias cotidianas y los dispositivos digitales están afectando al desarrollo humano en el plano social, emocional, intelectual y físico. A saber, el Instituto Nacional de la Salud ha lanzado el mayor estudio gubernamental hasta la fecha sobre el desarrollo del cerebro de los adolescentes, conocido como Estudio del Desarrollo Cognitivo del cerebro de los Adolescentes (ABCD). Seguirá a 11,874 jóvenes, de entre 9 y 10 años, a lo largo de su vida adulta, incluidos 2,100 de los cuales son gemelos o trillizos. Este estudio histórico sobre el desarrollo del cerebro y la salud infantil utilizará neuroimágenes avanzadas para observar el desarrollo del cerebro en los niños durante la adolescencia, mientras realiza un seguimiento de los factores sociales, conductuales, físicos y ambientales que pueden afectar el desarrollo del cerebro y otros resultados de salud. El estudio se está llevando a cabo en veintiún centros de investigación en todo el país. Está coordinado por el Instituto Nacional sobre el Abuso de Drogas y por el Instituto sobre el Abuso del Alcohol y Alcoholismo y

---

D. O'Dell, Virtual reality-based therapy for the treatment of balance deficits in patients receiving inpatient rehabilitation for traumatic brain injury, *Disabil Rehabil.* 2017 Jul;39(14):1380-1390. doi: 10.1080/ 09638288.2016.1195453.

cuenta con el apoyo de otros ocho institutos y oficinas del NIH, así como de los Centros para el Control y la Prevención de Enfermedades y otros socios federales.[112]

El Estudio ABCD ya ha mostrado evidencias de diferencias en las resonancias magnéticas (MRIs) de los cerebros de 4,500 niños de 9 a 10 años, que eran los usuarios más activos de dispositivos electrónicos. Además, algunos niños que pasan dos o más horas al día frente a las pantallas tienen puntuaciones más bajas en las pruebas de memoria y lenguaje. Lo que todavía no se sabe, sin embargo, es si el tiempo dedicado a los dispositivos digitales es la causa principal de estos efectos. Si no es así, ¿cuál es la constelación de contribuyentes? Puede llevar años responder algunas de estas preguntas. Un desafío adicional con los dispositivos electrónicos es que para cuando se propongan algunas respuestas, surgirán nuevas tecnologías para reemplazar lo que creemos que hemos llegado a comprender mejor.

---

[112] ABCD study completes enrollment, announces opportunities for scientific engagement. National Institutes of Health. (December 3, 2018.) https://nih.gov/ news-events/news-releases/abcd-study-completes-enrollment-announces-opportunities-scientific-engagement

<u>En Resumen:</u>

Los medios electrónicos no son intrínsecamente malos. Personas de todas las edades hacen buen uso de esta tecnología. Los dispositivos electrónicos son herramientas extraordinarias para las comunicaciones, los negocios y el intercambio social. El problema es cuánto jugar, enviar correos electrónicos y buscar en Google es demasiado para el cerebro, para un cerebro en desarrollo, como para uno maduro. Necesitamos descubrir nuestro nivel óptimo de estimulación cerebral en cada etapa de la vida. Aunque los científicos aún no han determinado las respuestas específicas a estas preguntas, sabemos que una cantidad limitada de medios electrónicos puede enriquecer las mentes y mejorar algunas formas de rendimiento cognitivo, mientras que demasiados pueden hacer que las personas dejen de responder al mundo real que las rodea.

El Papa Francisco, en su Mensaje del Día Mundial de la Comunicación del 2016, dijo: "[L]a Internet... es algo verdaderamente bueno, un regalo de Dios". También advirtió que el mundo de alta velocidad de las redes sociales digitales necesitaba calma, reflexión y ternura si quería ser "una red no de cables sino de personas".

Independientemente de cuánto se involucre la gente con los dispositivos electrónicos, para realmente tener éxito en nuestras vidas, debemos aprender a mirar en los ojos de otra persona y ver a alguien digno de amor. También necesitamos levantar nuestros propios ojos para recibir la mirada de otro sobre nosotros.

Sección 7

La Necesidad de Alegría Para la Madurez Emocional

Santo Tomás afirma que hay tres efectos interiores de la caridad:[113] alegría, paz y misericordia.

Me gustaría centrarme en la alegría como un ingrediente esencial para el crecimiento y desarrollo saludable. Considere por un momento que la alegría es como la temperatura de un horno. Podemos elegir nuestros ingredientes con cuidado, pero la temperatura del horno determinará lo que nuestros cuidadosos preparativos producirán. Considere el efecto que unos padres enojados o alegres tienen en una familia y su vida de oración. A medida que la alegría aumenta, también lo hace la posibilidad de que el crecimiento y desarrollo humano vayan en una dirección positiva.

El fomentar la alegría en nuestras vidas no se considera típicamente una práctica espiritual y rara vez se considera un factor importante en el desarrollo de nuestro carácter. Sin embargo, Jesús, dio la alegría como la razón

---

[113] Saint Thomas Aquinas, *Summa Theologiae*, II, II, ques. 28-30.

de su predica en Juan 15:11 y como característica central de su oración a los Discípulos en Juan 17:13.

Los neurocientíficos han demostrado que la corteza prefrontal ventromedial, ubicada sobre nuestros ojos, tiene una habilidad relacional muy importante para encontrar la solución menos dañina para cada situación. Es responsable de juzgar, planificar y reflexionar. Este sistema de control de daños en nuestro cerebro necesita ser entrenado con una amplia gama de habilidades relacionales que nos afecta interiormente con alegría.

Desde una perspectiva cerebral, la alegría estimula el crecimiento de los sistemas cerebrales involucrados en la formación del carácter, la consolidación de la identidad y el comportamiento moral. La alegría es un "feliz de estar juntos". La alegría es relacional. La alegría se encuentra en las sonrisas, en el juego, en el amor. La alegría puede ser igualmente poderosa cuando estamos pasando momentos dolorosos. Nos sentimos muy bien si hay alguien que pueda estar con nosotros cuando estamos sufriendo. Cuando nos refugiamos en los brazos de un amigo que se apresuró a la Sala de Emergencias mientras esperábamos a ver si un ser querido sobreviviría, lloramos con alivio en vez de saltar de euforia, pero es alegría de todos modos. Alguien está con nosotros, y no estamos solos. La alegría nos permite "alegrarnos con los que se alegran y llorar con los que lloran", porque estamos profundamente unidos. La alegría, como cualquier impulso interior poderoso, puede ser combinada con otras experiencias para proporcionar muchos sabores, pero la característica clásica de la alegría es que estamos compartiendo el momento con alguien que se alegra que estemos allí.

Como la alegría es relacional, cuanto más tiempo dure la la interrupción de nuestras relaciones, menos será nuestra alegría. Pasar más de unos segundos en agua muy fría, puede ser mortal, pero no importa lo fría que esté el agua si no te quedas mucho tiempo. El secreto para mantenerse caliente es reducir la pérdida de calor y la exposición al frío. La habilidad de la natación nos ayuda a salir del agua rápidamente, aunque al principio esta habilidad parece no estar relacionada con la pérdida de calor. Para retener la alegría, necesitamos las habilidades para volver a la alegría rápidamente.

Debemos practicar el mantener nuestras mentes en un mode relacional en donde la relación es siempre más importante que el problema. Debemos ser entrenados para mantener el el amor en primer lugar aun cuando estemos en el dolor, disgustados y enfrentando problemas—particularmente problemas causados por las personas en nuestras vidas. Un bebé simplemente gritará sin pensar en la relación con los demás cada vez que haya un problema. Aunque nadie culpa al bebé por este tipo de reacción, nadie quiere que el niño crezca sin más habilidades para resolver problemas o tener conciencia de las relaciones que el gritar.

El cristianismo americano ha crecido bajo la influencia de una filosofía voluntarista. En pocas palabras, el voluntarismo cree que la voluntad es la función más alta y fuerte de la persona, incluso, más alta que las emociones o el intelecto.

Desde una perspectiva cerebral, la voluntad es un factor neurológicamente débil. La voluntad es una función cortical inconstante que empieza a desaparecer tan pronto como estamos un poco adormecidos. La voluntad está bien abajo de la jerarquía de control del cerebro para hacer cambios de carácter o identidad. Está conectada para sólo tener una influencia débil. Las intenciones, son algunas de las primeras cosas que se desvanecen bajo la presión en un cerebro que recibe pocos mensajes de alegría. Bajo el efecto químico de beber dos cervezas, muchas personas olvidan su intención de dejar de beber después de tres cervezas. Las emociones intensas, el cansancio, la novedad y muchos otros factores también descarrilan las mejores intenciones del cerebro-de-baja-alegría. Cuando las personas no hacen lo que pretenden, muestran lo que generalmente consideramos una falta de buen carácter. La solución voluntarista es renovar la visión y las intenciones para hacerlo mejor la próxima vez.

Los voluntaristas se basaron en las nociones medievales de la naturaleza humana y asumieron que los humanos tienen una sola voluntad. Tanto las Escrituras como el cerebro sugieren que diferentes partes de nosotros tienen diferentes voluntades. Por ejemplo, San Pablo en Romanos (7:19) afirma "Porque no hago el bien que quiero hacer, sino el mal que no quiero hacer". Lo que una parte del cerebro quiere no es necesariamente lo que quieren otras partes del cerebro que pueden tener impulsos, motivos y elecciones contrarias. El cerebro está diseñado para unificar sus diversas voluntades bajo una sola identidad, siempre que las relaciones alegres sean la norma. Los miembros adultos de la comunidad ayudan a modelar cómo mantenerse en relación durante emociones inquietantes.

También es cierto que al cerebro no le gusta actuar y reflexionar simultáneamente; esta es una de las razones por las que a veces necesitamos de la soledad. Se necesita una identidad madura para valorar las dos. Esta identidad madura sólo se forma en presencia de la alegría. Incluso cuando nuestra identidad es fuerte, el cambio de carácter es extremadamente difícil de lograr desde el extremo de la "voluntad" del cerebro. La voluntad es más el resultado de los procesos del cerebro que la causa de esos procesos. La voluntad es dónde el procesamiento termina en lugar de comenzar. Por contraste, el procesamiento del cerebro que conduce al cambio de identidad y carácter comienza en las regiones del amor y del apego. Incluso, la motivación para cambiar nace del amor y el apego. El cambio de carácter basado en la alegría siempre nos mueve en la dirección de ser más como El que amamos.

Estudios científicos han demostrado que las personas que estaban muy motivadas y a las que se les ofrecía la misma ayuda espiritual y psicológica no todas lograban o mantenían cambios positivos de carácter. Los que carecían de relaciones con personas que se alegraban de estar con ellos lo hacían mal, mientras que otros prosperaban en la medida que tenían relaciones alegres.

La alegría activa el sistema de participación social del cerebro y nos prepara para relacionarnos con Dios y con los demás. Debido a que el desarrollo del cerebro es relacional, las actividades relacionales son las más adecuadas para la formación humana y espiritual que transforma la mente.

Ya sabemos que las experiencias relacionales dañadas crean barreras para la formación. Para ser eficaz como un medio de conversión, la alegría y las habilidades relacionales deben introducirse intencionalmente para la sanación de aquellos que carecen de alegría relacional.

Interacciones cara a cara son cada vez más menos frecuentes:

Cada niño que viene al mundo comienza con una ausencia casi total de capacidad relacional. Donde incluso hace 60 años, los niños pasaban prácticamente todo su tiempo interactuando con otros, jugando y comparando habilidades, ahora pasan la mayor parte de su tiempo concentrados en máquinas que no tienen habilidades relacionales o consciencia de la presencia del niño. Los bebés ven la televisión; tienen películas en la preescolar, guardería, iglesia, en la casa y con las niñeras.

La televisión, las computadoras, las películas, los libros o los vídeojuegos no pueden difundir las habilidades relacionales. Los requisitos cerebrales para la transmisión exitosa de las habilidades de la alegría no se propagan a través de los medios de comunicación, Internet, cámaras web, o incluso las telecomunicaciones. No podemos criar niños para que sean seres humanos felices a través de internet o de la televisión.

¿Qué podemos hacer a medida que las habilidades relacionales disminuyen?

A medida que las habilidades de alegría relacional disminuyen a nivel mundial, podemos esperar una larga serie de cambios en la forma en que las personas se relacionan. Estos cambios permanecerán invisibles para la generación en la que ocurra el cambio. Para ellos, "así es como son las personas". La disminución de las habilidades de alegría siempre significará un aumento de la violencia y el comportamiento depredador.

Ésto es lo que podemos esperar con niveles menores de alegría:

- la funcionalidad reemplaza a la relación
- manejar los problemas reemplaza el restaurar la alegría
- las escuelas manejan los problemas en lugar de criar niños más humanos
- el comportamiento auto justificado es la norma
- la pseudo identidad se convierte en el ideal
- el narcisismo aumenta
- los conflictos no resueltos aumentan
- las adicciones aumentan

La gran esperanza de reclamar y recuperar la alegría relacional

Recordemos que el córtex prefrontal tiene la importante habilidad relacional de encontrar la solución menos dañina para cada situación. Este sistema de control de daños en nuestro cerebro necesita ser entrenado con la gama completa de habilidades de la alegría. Parte del control de daños es nuestra capacidad de regresar a la alegría. Volviendo a la alegría es como salvamos nuestras relaciones cuando los demás no están contentos de estar con nosotros. El centro de identidad de nuestro cerebro en la corteza prefrontal considera los ejemplos que hemos visto en nuestras familias y experiencias de vida y trata de encontrar la solución menos dolorosa. Si Dios está siempre aquí con nosotros, una conciencia interactiva de la presencia de Dios nos ayudará a adquirir una nueva respuesta. Podemos adquirir estas habilidades de Dios porque Jesús, de manera redentora evitará las brechas dejadas por nuestras familias y experiencias de vida y nos enseñará el camino de regreso al gozo para que luego podamos practicar estas habilidades con otros. Este es el don de la comunidad.

La Alegría y la Conversión

El cerebro es cambiado más profundamente por a quién ama (quién me da alegría) que por lo que piensa. Quizás esta es la verdadera razón por la que no hemos visto la conexión entre la formación humana y espiritual; y la ciencia del cerebro. La conversión consiste más en recibir más íntimamente el amor de Dios por nosotros que en el pensar correctamente. Muy a menudo olvidamos que el cambio más profundo del cerebro viene de nuestros amores y no de nuestros pensamientos. No estoy sugiriendo que abandonemos el pensamiento correcto, y mucho menos la visión o intención correctas, sino que consideremos añadir alegría a la visión, intención y medios.

Por ejemplo, las prácticas de formación espiritual serán muy diferentes dependiendo de si la mente crece a la imagen de Cristo principalmente por lo que uno cree o a quién ama. El primer enfoque ejercita la voluntad y corrige los pensamientos. El segundo enfoque se centra en la eliminación de las barreras del amor. Si la conversión consiste en formar un nuevo vínculo con Dios basado en el amor y la alegría, entonces quién se convierte en nuestra alegría determinará quién forma nuestro caráctertal vez incluso si cambiaremos de carácter en absoluto.

Cuando la alegría es baja, los medios de conversión deben producir un aumento rápido de la alegría a medida que nos volvemos más deseosos de estar juntos con Dios y los demás. De hecho, nuestro entusiasmo debe extenderse más allá de los que se están convirtiendo con nosotros para incluir a los que necesitan conversión. La alegría se esparce. En La Alegría del Evangelio, el Papa Francisco expresa una y otra vez que la alegría es la forma en que se debe difundir el Evangelio.

Apéndice A

Folleto de Debate para los Padres

https://youtu.be/Thkl8-q2pYc

Bienvenidos a la viñeta de debate en grupo de la Universidad de la Asociación Médica Católica (CMA) - "¿Por qué no puede colgar ese teléfono?"

En el transcurso de sus discusiones, verá un breve vídeo (aproximadamente 5 minutos y medio), que resaltará algunos principios importantes sobre el uso de los medios de comunicación de pantalla.

Después de la presentación del vídeo, participará en un debate de grupo. Tendrá la oportunidad de hablar sobre cómo el tiempo de pantalla influye en su vida diaria. Conocerá algunas ideas que han beneficiado a muchos otros jóvenes adultos.

Algunos grupos podrían querer programar sesiones de debate adicionales para compartir sus experiencias e ideas. ¡Qué lo disfruten!

Sección 1

Preguntas de Revisión de Vídeo

- ¿Escuchó algo que le sorprendió en el vídeo?
- ¿A qué se refiere Marshall McLuhan cuando dice: "El medio es el mensaje más que el contenido"?
- ¿Por qué la imprevisibilidad es tan poderosa para estimular el deseo y el ansia?
- ¿Cómo es que el condicionamiento operante o la señalización (cueing) hace que quiera revisar su teléfono celular?
- Las personas que participan excesivamente en los juegos en línea, como por ejemplo, World of Warcraft o Minecraft, pueden tener problemas para detenerse. Describa por qué sucede ésto.
- Cuál es su respuesta al escuchar que: Steve Jobs,[114] el fundador del iPhone, nunca permitió que sus hijos usaran un iPhone; y que Evan Williams, fundador de Blogger, Twitter y Medium, se

[114] N. Bilton, Steve Jobs was a low-tech parent. New York *Times*. (September 10, 2014.) https://nytimes.com/ 2014/09/11/ fashion/steve-jobs-apple-was-a-low-tech-parent.html

negara a dar a sus dos hijos pequeños un iPad y en su lugar les compró cientos de libros.

Preguntas para el Debate en Grupo

Las siguientes preguntas pretenden ayudarle a reflexionar en el uso que hace su hijo de los medios de pantalla.

- ¿De qué manera las plataformas de medios sociales/textos le benefician a usted, sus hijos, su familia y amigos?
- ¿En qué medida las interacciones sociales de su hijo tienen lugar en los medios de comunicación de pantalla?
- ¿Cuánto tiempo de pantalla tiene su hijo por día de semana y por fin de semana?
- ¿Su hijo habla principalmente de juegos en línea, medios sociales o mensajes de texto con sus amigos?
- ¿Qué actividades familiares se han visto afectadas por el uso de dispositivos electrónicos por parte de su hijo?

- ¿Su hijo o hija realiza varias tareas al usar sus pantallas? ¿Qué elige hacer su hijo cuando realiza varias tareas a la vez?
- ¿Es el uso de un dispositivo electrónico lo primero que pide hacer cuando está en casa después de la escuela o los fines de semana?
- ¿Cuánto ejercicio físico hace su hijo a diario?
- ¿Su hijo se lleva su teléfono celular o tableta a la cama? ¿Cómo ha afectado esto a la cantidad de horas que su hijo/hija duerme por la noche?
- ¿Cómo afectan los medios electrónicos el estado de ánimo de su hijo?
- ¿En qué situaciones ha estado tentado de darle a su hijo un dispositivo electrónico como distracción?
- ¿Qué pautas ha establecido para el uso de los medios electrónicos por parte de su hijo?
- ¿Ha tenido conversaciones con su hijo sobre el uso apropiado de los teléfonos celulares, tabletas y computadoras? Si es así, ¿qué fue fructífero en las conversaciones, y qué fue desafiante en esas conversaciones?
- ¿Qué le preocupa acerca de limitar el uso de dispositivos electrónicos a su hijo?

- ¿Alguna vez su hijo ha experimentado FOMO (Fear of missing out) (Miedo a perderse de algo)? ¿En qué situaciones?
- ¿Le preocupa que si quita una actividad de pantalla ésto hará que su hijo "no encaje o se acople" con sus compañeros?
- ¿Qué habilidades o talentos podría desarrollar su hijo si pasara una hora menos usando dispositivos electrónicos cada día?

Sección 2

Consejos y Sugerencias

Es difícil saber cuán saludables y seguros son los medios de pantalla. Los profesionales médicos ofrecen algunas de las siguientes pautas que pueden adaptarse a las necesidades de cada uno de sus hijos:

- Niños menores de 1 ½ a 2 años: Evite el uso de los medios de comunicación (excepto para el vídeo-chat con la familia y seres queridos).
- Niños de edad Pre-Escolar: No más de una hora por día con la evaluación de los padres.

- Niños en edad escolar y adolescentes: No dejen que los medios de comunicación desplacen otras actividades importantes. Aspire a una hora de ejercicio diario, comidas sin el uso de los medios, tiempo de inactividad "desconectado" y una noche completa de sueño.
- Sea el asesor de medios de comunicación de sus hijos: Vea los medios de comunicación con su hijo (disfrute jugando, compartiendo y enseñando), para saber lo que su hijo está viendo y aconsejarlo adecuadamente. Además, practique usted mismo hábitos saludables de uso de la pantalla.

La buena noticia es que los efectos problemáticos del uso excesivo de la pantalla se pueden abordar. Hay mucho que podemos hacer para restaurar el equilibrio que existía antes de la Era de los teléfonos celulares, las tabletas, correos electrónicos, redes sociales y la visualización bajo demanda.

Conocemos los trucos que los anunciantes usan para tentarnos —un helado delicioso o un coche rojo brillante. Los ingenieros de diseño electrónico también saben cómo atraer nuestra atención. El color rojo en las notificaciones en nuestros teléfonos celulares o tabletas provoca el deseo de comprobar de qué se trata. La reproducción automática en vídeos puede llevarnos a quedar prendidos a verlos mucho más tiempo del previsto. Cada vez más las funciones de teléfonos celulares y tabletas están diseñadas para que pasemos más tiempo usando estos dispositivos.

¿Qué sería un plan de tiempo de pantalla saludable para usted y su familia; y en sus interacciones con sus amigos?

He aquí hay algunas sugerencias:

Diga no a las notificaciones. Una notificación tiene la intención de dejarle saber que algo importante necesita atención. La mayoría de las notificaciones telefónicas y en tabletas son automatizadas (por máquinas) y no involucran a personas. Su objetivo es lograr que usted interactúe con una aplicación en la que de otra manera no hubiera pensado. Configure las notificacione para aquellas cosas que son importantes para usted. Por ejemplo, es posible que usted quiera recibir notificaciones de su hijo, su cónyuge o su supervisor.

Para hacer esto en un iPhone, vaya a Configuración/ Notificaciones/Apague todo excepto sus aplicaciones de mensajes u otras herramientas importantes.

Ponga su teléfono en modo "no molestar" y sólo permita llamadas y mensajes de sus "favoritos" de aquellos con quienes usted tiene una responsabilidad. Pudiera sorprenderse de saber cuánto tiempo las interrupciones de los mensajes le quitan a lo que es importante para usted.

Elimine las redes sociales u otras aplicaciones de su teléfono. Usar o entrar en una aplicación, como Facebook o Twitter, es fácil de hacer—sin mucho pensar. Limite el acceso a estas aplicaciones a su computadora personal en casa. Si siente la necesidad de revisar los medios sociales más frecuentemente, pregúntese a usted mismo el por qué: ¿está aburrido, solo, ansioso, molesto o preocupado? Fíjese si esta necesidad podría afrontarse más eficazmente en una interacción o actividad de la vida real.

Mantenga en su pantalla de inicio sólo las aplicaciones que son necesarias. Por ejemplo, algunas aplicaciones importantes que debe tener en su pantalla de inicio pueden ser sus contactos, mensajes de texto, correo electrónico, mapas y aplicaciones de calendario que usted usa a diario para la familia, el trabajo y amigos selectos. Mueva sus otras aplicaciones a su segunda y tercera pantallas; lo que no vea de inmediato cuando levante el teléfono o la tableta será menos tentador de acceder.

Ninguna zona de pantallas. Mantenga buena etiqueta en el uso de pantallas. La ausencia de pantallas a la hora de la comida ayudará a facilitar las conversaciones cara-a-cara y los lazos familiares. El desarrollo de las habilidades del habla y del lenguaje está fuertemente ligado al desarrollo de los lazos humanos, la empatía, la responsabilidad, así como al fortalecimiento del pensamiento, la lectura y la escritura. Estas habilidades humanas esenciales, y especialmente usted, no pueden ser reemplazados por la tecnología. También mantenga los teléfonos celulares, tabletas y laptops (ordenadores portátiles) fuera del dormitorio en la noche. Ésto, promoverá más minutos de sueño y una mejor calidad de sueño. Por supuesto, nadie debe leer o enviar mensajes mientras conduce.

Utilice un viejo reloj-despertador. No utilizar el teléfono o la tableta como despertador evitará que tanto usted como sus hijos sean tentados a participar en las muchas otras funciones que el teléfono o la tableta ofrecen durante un tiempo y lugar designado para descansar y dormir.

Ayude a su hijo a mejorar o modificar sus hábitos de pantalla. El objetivo de limitar el tiempo de pantalla no es simplemente deshacerse de los efectos problemáticos sino de perfeccionar el desarrollo y la maduración humana. El desarrollo saludable y equilibrado del niño tiene lugar principalmente a través de sus interacciones cara-a-cara. De nuevo, su importante papel como padre no puede ser reemplazado por la tecnología.

Dado que algún tiempo de pantalla es casi inevitable en nuestro mundo actual, es mucho más fácil ayudar a los niños a desarrollar buenos hábitos en primer lugar que corregir los malos hábitos existentes.

Desarrollando Buenos Hábitos de Pantalla

Anime a los niños a conectar lo que ven en el mundo de la pantalla con su experiencia del mundo real.

Por ejemplo, si una aplicación pide a un niño clasificar bloques de madera por color, pídale que clasifique los bloques de madera reales por color o que clasifique su ropa por color.

Fomente actividades interpersonales interactivas del mundo real: juegos de mesa, deportes, caminatas, proyectos de trabajo tanto interiores como exteriores y conversaciones por turno.

Invite a los niños a explicar lo que creen que está sucediendo en un juego o en una aplicación que estén usando. Pídales que señalen o identifiquen a los personajes y qué piensan sobre el comportamiento de los personajes. Pídales que comenten qué comportamientos podrían modificarse y por qué.

El proceso de crecimiento y desarrollo humano implica también el aprendizaje de las habilidades apropiadas para la toma de decisiones y la etiqueta social. Enseñarle a los niños las virtudes de la moderación, la bondad, la generosidad y la empatía, por ejemplo, les será de gran ayuda para convertirse en adultos de éxito.

¿Qué Impulsa a su Hijo al Uso de Pantallas?

Ayude a su hijo a analizar lo que él o ella ve como los beneficios del uso de la pantalla para comprender la necesidad subyacente. Por ejemplo, si una joven adolescente revisa su cuenta de Instagram o Snapchat muchas veces al día, es probable que quiera sentirse conectada con sus amigos.

Ayude en abordar esta necesidad para mutuamente explorar otros medios de sentirse conectada y en los que ella se sienta validada en ausencia de esos "Me Gusta".

Recuerde, lo que funciona para una persona, puede no funcionar para otra. Otros ejemplos a considerar:

Un niño que está aburrido y recurre al uso de la pantalla pudiera beneficiarse de unirse a un equipo deportivo o club de teatro.

La vulnerabilidad que experimenta un jugador acosado puede ser satisfecha, en parte, con clases de artes marciales, además de hablar con sus padres.

Una vez que se comprenda mejor la motivación subyacente para el uso de la pantalla, se puede buscar una rutina que satisfaga este motivo subyacente.

Sus esfuerzos para comprender mejor las motivaciones de su hijo abordarán de manera más efectiva la necesidad psicológica subyacente.

Modificando los Hábitos de Pantalla de su Hijo

Es importante identificar sus preocupaciones sobre el uso de pantalla de su hijo. Luego, establecer objetivos para abordar estas preocupaciones. Establecer objetivos claros mantiene a todos los miembros en su familia concentrados en lo que es importante. Sin objetivos claros y relevantes, los resultados suelen ser decepcionantes.

Consulte con otros su experiencia. Pregunte al maestro, la niñera, o el abuelo de su hijo acerca de las dificultades que observan en el uso de pantalla de su hijo. ¿Su hijo no coopera, no está interesado en el trabajo escolar o es reacio a participar en las actividades familiares? Concéntrese en dos o tres comportamientos que sean más preocupantes y establezca su(s) objetivo(s).

Considere el uso de la sigla (acrónimo) SMART, que se refiere a un objetivo Específico, Medible, Alcanzable, Relevante y Rastreable para el cual usted desarrolla un plan de acción para abordar.

Digamos que su hijo no quiere irse a la cama porque quiere terminar un juego en línea o una publicación en los medios sociales y a menudo tiene sueño y no se siente descansado durante el día. Un objetivo SMART sería trabajar en conseguir una mejor calidad de sueño para la siguiente semana.

- Específico-Lograr más horas de sueño para su hijo
- Medible-Observar la hora en que se apagan las luces del dormitorio y la hora en que su hijo se levantó
- Alcanzable-Sí, su hijo puede dormir más cuando no usa el teléfono celular, la tableta, y el ordenador portátil (laptop) en la cama
- Relevante-No llevar el teléfono celular, la tableta y el ordenador portátil (laptop) al dormitorio mejora la calidad de sueño
- Rastreable-Rastrear cuántos días ha mejorado la calidad del sueño

A continuación, evalúe el costo y beneficio de este plan de acción de objetivos SMART para su hijo. Decida si desea seguir con este plan de acción, modificarlo, o cambiarlo completamente y por qué. Anote esta información en su diario.

Por ejemplo, pregúntele a su hijo sobre su experiencia de dormir sin llevar a la cama su teléfono celular, su tableta o su ordenador portátil (laptop). Comparta su experiencia con su hijo en el momento que él o ella lo hayan hecho. Dependiendo de la edad de su hijo o hija, invítele a hacer un dibujo o escribir los resultados de irse a la cama sin tener ningún dispositivo alrededor.

Desarrolle planes de acción de objetivos SMART para sus otras áreas de preocupación.

Para ofrecer otro ejemplo de plan de acción de un objetivo SMART: un padre observa que el niño se queja o llora cuando se limita el uso de un dispositivo electrónico. Un objetivo SMART pudiera ser, por ejemplo, reducir la frecuencia de este comportamiento sustituyendo el tiempo con el dispositivo por tiempo individual para construir un avión de juguete, hacer joyas o jugar con Legos.

Ayude a sustituir el Tiempo de Pantalla con actividades para la Familia que resulten positivas

Considere la posibilidad de programar una serie de actividades para toda la familia, así como también tiempo a solas con cada niño que comunique "Quiero estar contigo; eres importante para mí; y, podemos divertirnos juntos". Sea creativo y aproveche sus intereses personales para divertirse sin necesidad de estar frente a la pantalla. Por ejemplo:

- Dar un paseo en familia
- Hacer un picnic
- Montar en bicicleta juntos
- Jugar al Frisbee
- Jugar a la pelota, saltar la cuerda
- Cocinar una comida juntos
- Plantar un jardín
- Salir a tomar un helado

Para niños muy pequeños,

- Enséñeles rimas infantiles

- Juegue a "Simón dice" (Simon says), "Cucú" (Peek-a-boo) o a "Los Puentes de Londres se están derrumbando" (London bridges falling down)
- También le puede preguntar a sus padres o abuelos qué hacían para divertirse sin pantallas previo a la Era de la Internet.

Los padres deben ser buenos modelos para sus hijos. La ventaja es que el funcionamiento ejecutivo de su hijo, es decir, el trabajo de su parte del cerebro responsable de la reflexión, integración de los pensamientos y planificación, mejorará. El centro del placer de su hijo también estará menos estimulado, y ésto contribuirá a que su hijo esté más tranquilo.

<u>Utilice aplicaciones que ayuden a aumentar el tiempo libre de Pantallas</u>

Hay muchas aplicaciones disponibles para ayudarle a ser más consciente del uso de las pantallas por parte de los miembros de su familia y para permitirle pasar más tiempo sin pantallas. Un ejemplo es Onward, una aplicación que ayuda a bloquear sitios web y aplicaciones, a la vez que hace un seguimiento del uso del teléfono o la tableta.

Hay también aplicaciones que le permiten designar el tiempo libre de pantalla para toda la familia. Algunos ejemplos son:

- Moment Family
- Breakfree
- DinnerTime Plus

Considere la posibilidad de utilizar cortafuegos y sistemas de filtrado de Internet para su teléfono celular, tableta y computadora, según convenga para su familia. Hay muchos en el mercado. Compruebe qué sistema es el más apropiado para usted y su familia. Algunas sugerencias son:

- Circle Go
- Qustodio
- Covenant Eyes
- Mobicip
- OurPact

Dispositivos de bloqueo de aplicaciones a tener en cuenta:

- Freedom para productos Apple y Windows
- Offtime para productos Android

- GizmoPal es un reloj de seguimiento GPS para niños que puede ser útil para su familia.

Ponte a prueba para reducir el tiempo frente a la pantalla

Al principio, intente reducir su tiempo de pantalla a una hora por semana.

También, puede desafiar a su familia a un día sin pantalla. Que su familia renuncie a las pantallas por un día no debe tomarse como un castigo. Es una oportunidad para que usted y su familia reflexionen sobre las maneras en que la actividad de la pantalla les separó y las maneras en las cuales deciden cómo quieren enriquecer su tiempo juntos.

Logre que su familia se ponga de acuerdo.

Elija un día que sea realista para estar sin pantalla.

Tómese tiempo para reflexionar como familia sobre su su día sin pantallas.

¿Qué pudo observar?

¿Cómo fue su día sin pantallas en comparación con un día en que sí las usó?

¿Qué pudo notar cuando estuvo interactuando cara-a-cara con otros por un día?

¿Qué pudo hacer su familia al no estar ocupada con sus pantallas individuales?

Tomando como base su experiencia de un día sin pantallas, considere la posibilidad de encontrar un fin de semana entero para no usar pantallas.

¿Necesita ayuda?

Para algunas personas, los juegos en línea u otras actividades en Internet se convierten en una obsesión irresistible. Hay ayuda disponible. Las opciones de tratamiento van desde una terapia ambulatoria limitada hasta programas residenciales intensivos. Busque en Internet opciones de tratamiento que se ajusten a sus necesidades y a las de su familia.

Guía del Facilitador de Grupo

Consejos para ayudarle a planificar

- Un facilitador de grupo no tiene que ser un experto en neurofisiología o psicología. Más bien, un facilitador hace que los demás se sientan bienvenidos y es capaz de sonsacar a los que necesitan un poco más de ánimo; y "frena" a los participantes más exuberantes.

- Familiarícese con el vídeo, las preguntas, los ejercicios los recursos sugeridos antes de su reunión. Dedique tiempo a pensar en cómo la gente puede responder a ellos. Esto le ayudará a estar preparado para algunas direcciones que podría tomar la discusión.
- Programe una sesión de debate de 60 minutos para su grupo con la mayor antelación posible y anúnciela a su grupo objetivo. Dado que el folleto contiene más material del que se puede abarcar en una hora, puede seleccionar las preguntas en las que desea que su grupo se centre durante esa hora. Informe a los participantes de que en el folleto también hay consejos y sugerencias útiles que pueden considerar por su cuenta.
- Puede que algunos grupos quieran reunirse dos o tres veces.

    - Durante la primera sesión, los participantes pueden centrarse en preguntas de interés.
    - Para la segunda sesión, invite a los participantes a compartir algunos de los consejos o sugerencias que hayan puesto en práctica.

- Si se desea realizar una tercera sesión de debate, céntrese en áreas de interés concretas y fomente la aplicación continua de consejos, recomendaciones u otras ideas útiles que hayan surgido durante el debate en grupo.

- Disponer de un espacio de reunión adecuado y de un equipo audiovisual para reproducir el vídeo "Por qué no puede colgar ese teléfono"
- Una vez que sepa cuántas personas asistirán al debate, haga copias del folleto de debate.
- Considere la posibilidad de poner una mesa de hospitalidad con refrigerios sencillos, que pueden ayudar a romper el hielo y fomentar el debate dentro del grupo.
- Llegue temprano a la sesión para preparar la mesa de registro y el área de hospitalidad; organice el espacio de reunión para la presentación del vídeo y la discusión.
- Considere la posibilidad de hacer una oración pidiendo la bendición de Dios sobre todos los que participarán en sus debates.
- Considere la posibilidad de elegir una oración para comenzar cada sesión de debate.

- La preparación más importante para usted como facilitador es repasar usted mismo las preguntas. Su participación personal en el estudio le ayudará a relacionarse y comprender las experiencias de los miembros de su grupo.
- Recuerde, el trabajo del facilitador no es contestar a todas las preguntas que surjan. Siempre que sea posible, pregunte primero al participante qué piensa. Si lo considera oportuno, pida a los demás presentes que aporten sus ideas.
- Manténgase en el tiempo y en el tema. A algunas personas les resulta útil tener a una segunda persona en el grupo que se encarga de dar una señal de "advertencia" de diez minutos para que haya tiempo suficiente para terminar la discusión y quizás cerrarla con una oración. Terminar el período de debate con prontitud es esencial y demuestra respeto por los participantes.
- El grupo esperará que usted mantenga la discusión en movimiento.

    o Esté atento a los indicios de que una persona tímida tiene algo que decir y anímela a hablar sin ponerla en apuros.

- "Frene" o controle amablemente a los participantes que dominen el grupo. Si continúan, pídales en privado que le ayuden a conseguir que otros participen.
- Redirija suavemente los comentarios o preguntas tangenciales.

- No comparta confidencias fuera del grupo.
- ¡Diviértase!

Cómo estructurar cada sesión de debate

He aquí un programa sencillo:

- Introducción (5–10 minutos) para la reunión y comentarios de apertura.
- Ver el vídeo "Por Qué No Puede Colgar ese Teléfono" (5 ½ minutos).
- Debate en grupo (30 minutos) en el que se involucra a los participantes utilizando el folleto con sus preguntas de discusión, consejos y sugerencias; y, recursos.
- Observaciones finales y posible oración (5–10 minutos).

Sección 1

Preguntas de Revisión de Vídeo

1. ¿Escuchó algo que le sorprendiera en el vídeo?
2. ¿Qué quiere decir Marshall McLuhan cuando afirma que: "El medio es el mensaje más que el contenido?"
3. ¿Por qué la imprevisibilidad es tan poderosa en estimular el deseo y el ansia?
4. ¿Cómo es que el condicionamiento operante o señalamiento provoca o hace que quiera revisar su teléfono celular?
5. Las personas que se dedican en exceso a los juegos en línea, como, por ejemplo, World of Warcraft o Minecraft, pueden tener dificultad para dejar de jugar. Describa por qué ocurre ésto.
6. Cuál sería su respuesta al escuchar que Steve Jobs, fundador del iPhone, nunca permitió que sus hijos usaran un iPhone, y que Evan Williams, fundador de Blogger, Twitter y Medium, se negó

a dar a sus dos hijos pequeños un iPad y en su lugar les compró cientos de libros.[115]

Preguntas para el Debate en Grupo

Las siguientes preguntas están pensadas para ayudarle a que los grupos reflexionen sobre el uso que hacen sus hijos de los medios de comunicación en pantalla.

1. ¿De qué manera le benefician a usted, a sus hijos, a su familia y a sus amigos las plataformas de los medios sociales/mensajes de texto?
2. ¿En qué medida las interacciones sociales de sus hijos tienen lugar en los medios de pantalla?
3. ¿Cuánto tiempo de pantalla tiene su hijo por día de la semana y por fin de semana?
4. ¿Su hijo habla más que nada sobre juegos en línea, de redes sociales o de mensajes de texto a sus amigos?

[115] N. Bilton, Steve Jobs was a low-tech parent. *New York Times*. (September 10, 2014.) https:// nytimes.com/ 2014/09/11/fashion/steve-jobs-apple-was-a-low-tech-parent.html

5. ¿Qué actividades familiares se han visto afectadas o interrumpidas por el uso de dispositivos electrónicos por parte de su hijo?
6. ¿Su hijo realiza varias tareas a la vez cuando utiliza sus pantallas? ¿Qué elige hacer su hijo cuando hace multitarea?
7. ¿Es el uso de un dispositivo electrónico lo primero que pide hacer cuando llega a casa después de la escuela/los fines de semana?
8. ¿Cuánto ejercicio físico hace su hijo diariamente?
9. ¿Su hijo se lleva el teléfono celular o la tableta a la cama? ¿Cómo ha afectado esto a la cantidad de sueño de su hijo en la noche?
10. ¿Cómo afectan los medios electrónicos el estado de ánimo de su hijo?
11. ¿En qué situaciones tiene la tentación de dar a su hijo un dispositivo electrónico como distracción?
12. ¿Qué pautas/reglas/guías ha establecido para el uso de dispositivos electrónicos por parte de su hijo?
13. ¿Ha hablado con sus hijos sobre el uso adecuado de los teléfonos celulares, las tabletas y los ordenadores (computadoras)? Si es así, ¿qué fue fructífero en las conversaciones y qué representó un reto en las mismas?

14. ¿Cuáles son sus preocupaciones sobre limitarle a su hijo el uso de dispositvos electrónicos?
15. Ha experimentado su hijo alguna vez el FOMO (Fear Of Missing Out) (Miedo a Perderse de Algo)? ¿En qué situaciones?
16. ¿Le preocupa el hecho de quitarle una actividad con pantalla que haga que su hijo "no encaje" con sus compañeros?
17. ¿Qué habilidades o talentos podría desarrollar su hijo si cada día éste pasara una hora menos usando dispositivos electrónicos?

Sección 2

Consejos y Sugerencias

Es difícil saber cuántos medios de pantalla son beneficiosos y seguros. Los profesionales médicos ofrecen algunas de las siguientes guías que pueden adaptarse a las necesidades de cada uno de sus hijos:

- Niños menores de 1 1/2 a 2 años: Evitar el uso de los medios de comunicación (con excepción del videochat con la familia y seres queridos).

- Niños de edad preescolar: No más de una hora al día con supervisión de los padres.
- Niños de Primaria y adolescentes: No deje que los medios de comunicación desplacen otras actividades importantes. Intente que hagan una hora de ejercicio al día, que coman sin uso de los medios, que se "desconecten" y que duerman toda la noche.
- Sea el mentor de medios de sus hijos: Vea los medios de comunicación con su hijo (disfrute jugando, compartiendo y enseñando), para saber lo que está viendo y guiarlo adecuadamente. También, practique usted mismo hábitos saludables de uso de la pantalla.

La buena noticia es que los efectos problemáticos del uso excesivo de las pantallas pueden abordarse. Podemos hacer mucho para restablecer el equilibrio que existía antes de la Era de los teléfonos celulares, las tabletas, los correos electrónicos, las redes sociales y la visualización del menú.

Conocemos los trucos que utilizan los anunciantes para tentarnos —un delicioso helado o un brillante coche rojo. Los ingenieros de diseño electrónico también saben cómo llamar nuestra atención. El color rojo en las notificaciones de nuestros teléfonos celulares o tabletas desencadena el deseo de saber de qué se trata. La reproducción automática de los vídeos puede hacer que nos quedemos prendidos a verlos mucho más tiempo del previsto. Cada vez son más las funciones de los teléfonos celulares y las tabletas que están diseñadas para que pasemos más tiempo utilizando estos dispositivos.

¿Qué sería un plan de tiempo de pantalla beneficioso para usted, su familia y en sus interacciones con sus amigos?

He aquí algunas sugerencias:

Diga no a las notificaciones. Una notificación tiene como objetivo dejarle saber que algo importante necesita atención. La mayoría de las notificaciones están automatizadas por máquinas y no hay personas implicadas. Su objetivo es hacer que usted se involucre con una aplicación en la que de otra manera no hubiera pensado. Establezca notificaciones para las cosas que son importantes para usted. Por ejemplo, usted puede querer tener notificaciones al recibir un mensaje de su hijo, su cónyuge o su supervisor.

- Para hacer ésto en un iPhone, sólo vaya a Ajustes/Notificaciones/Desactive todo con excepción de sus aplicaciones de mensajería u otras herramientas importantes.

Ponga su teléfono en modo de "no molestar" y sólo permita llamadas y mensajes de sus "favoritos" con los que usted tiene una responsabilidad. Le sorprenderá el tiempo que las interrupciones de los mensajes le quitan de lo que es importante para usted.

Elimine las redes sociales y otras aplicaciones de su teléfono. Tocar una aplicación, como Facebook o Twitter, es fácil de hacer—sin pensarlo mucho. Limite su acceso a estas aplicaciones al ordenador (computadora) de la casa. Si tiene necesidad de consultar las redes sociales más a menudo, pregúntese por qué: ¿está aburrido, solo, ansioso, molesto o preocupado? Vea si esta necesidad puede ser abordada de manera más eficaz en una interacción o actividad de la vida real.

Mantenga en su pantalla de inicio sólo las aplicaciones que sean necesarias. Por ejemplo, algunas aplicaciones importantes que debe mantener en su pantalla de inicio pueden ser las de contactos, mensajes de textos, correo electrónico, mapas y calendario que utiliza a diario para la familia, el trabajo y algunos amigos.

Mueva sus otras aplicaciones a su segunda y tercera pantallas; lo que no vea de inmediato al coger el teléfono o la tableta le será menos tentador de acceder.

Sin Zonas de Pantalla. Utilice una buena etiqueta de pantalla. La ausencia de pantallas a la hora de las comidas ayudará a facilitar las conversaciones cara-a-cara y los vínculos familiares. El desarrollo de las habilidades del habla y el lenguaje está fuertemente vinculado al desarrollo de los vínculos humanos, la empatía, y la responsabilidad social, así como la capacidad de pensar, leer y escribir. Estas habilidades humanas esenciales, y especialmente usted, no pueden ser reemplazados por la tecnología. Mantenga también los teléfonos celulares, las tabletas y los ordenadores portátiles (laptops) fuera del dormitorio por la noche. Ésto promoverá a más minutos de sueño y a mejor calidad de descanso. Por supuesto, nadie debe leer o enviar mensajes mientras conduce.

Utilice un reloj despertador antiguo. No usar el teléfono o la tableta como un reloj-alarma evitará que usted y sus hijos se sientan tentados a participar en las muchas otras funciones que ofrece el teléfono o la tableta en un tiempo y lugar designado para descansar y dormir.

Ayude a su hijo a modificar sus hábitos de pantalla. El objetivo de limitar el tiempo ante a la pantalla no es simplemente deshacerse de los efectos problemáticos sino de optimizar la maduración y desarrollo humanos.

Un desarrollo infantil sano y equilibrado se lleva a cabo principalmente en sus interacciones cara-a-cara. Una vez más, su papel importante como padre no puede ser reemplazado por la tecnología.

Dado que un tiempo frente a la pantalla es casi inevitable en nuestro mundo actual, es mucho más fácil ayudar a los niños a desarrollar buenos hábitos en primer lugar que a corregir los malos hábitos existentes.

<u>Desarrollar Hábitos Positivos en el uso de la Pantalla</u>

Anime a los niños a relacionar lo que ven en el mundo de la pantalla con su experiencia del mundo real.

- Por ejemplo, si una aplicación pide a un niño clasificar bloques de madera por colores, pídale al niño que clasifique bloques de madera reales por colores, o que clasifique su ropa por colores.
- Fomente las actividades interactivas interpersonales del mundo real: juegos de mesa, deportes, excursiones, proyectos de trabajo al aire libre/ interior, y conversaciones por turnos.
- Invite a los niños a explicar lo que creen que está ocurriendo en un juego o en una aplicación que

estén utilizando. Pídales que señalen e identifiquen a los personajes y lo que piensan sobre los comportamientos de los mismos. Pídales que comenten qué comportamientos podrían modificarse y por qué.

El proceso de crecimiento y desarrollo humano también implica el aprendizaje de destrezas adecuadas para la toma de decisiones y la etiqueta social. Enseñar a los niños las virtudes de la moderación, la amabilidad, la generosidad y la empatía, por ejemplo, contribuirá en gran medida a que se conviertan en adultos de éxito.

¿Qué Impulsa el uso de las Pantallas por parte de su Hijo?

Ayude a su hijo a descifrar lo que considera como beneficios del uso de la pantalla para entender la necesidad subyacente.

- Por ejemplo, si una adolescente revisa su cuenta de Instagram o Snapchat muchas veces al día, es probable que quiera sentirse conectada con sus amigos.
- Ofrézcale ayuda para abordar esta necesidad para así mutuamente explorar otros medios de sentirse

conectada en los que ella se sienta validada en la ausencia de esos "Me Gusta."

Recuerde, que lo que funciona para una persona pudiera no funcionar para otra. Otros ejemplos a tomar en cuenta:

- Un niño que se aburre y recurre al uso de la pantalla pudiera beneficiarse de unirse a un equipo deportivo o a un club de teatro.
- La vulnerabilidad que experimenta un jugador acosado podría resolverse, en parte, con clases de artes marciales, además de hablar con sus padres.

Una vez que se entienda mejor la motivación subyacente para el uso de la pantalla, se puede buscar una nueva rutina que satisfaga este motivo subyacente. Sus esfuerzos por comprender mejor las motivaciones de su hijo permitirán abordar con mayor eficacia la necesidad psicológica subyacente.

Cómo Modificar los Hábitos de Pantalla de su Hijo

Es importante que identifique sus preocupaciones sobre el uso de pantallas por parte de su hijo. Seguidamente, establezca objetivos para abordar estas preocupaciones. Establecer objetivos claros ayuda a que a todos los miembros de su familia se centren en lo que es importante. Sin objetivos claros y relevantes, los resultados muchas veces suelen ser decepcionantes. Pida consejo sobre su experiencia. Pregúnteles a los profesores de su hijo, a la niñera, o a los abuelos qué dificultades observan en el uso de la pantalla por parte de su hijo. ¿Su hijo no coopera? ¿No se interesa por las tareas de la escuela o se resiste a participar en las actividades familiares? Céntrese en dos o tres comportamientos que sean los más preocupantes y exponga su objetivo(s).

Considere la posibilidad de usar el acrónimo SMART (siglas en inglés) que se refiere a un objetivo específico, medible, alcanzable, relevante y rastreable para el cual usted desarrolla un plan de acción para abordarlo.

Digamos que su hijo no quiere irse a la cama porque quiere terminar un juego en línea o una publicación en las redes sociales y que a menudo tiene sueño y no se siente descansado durante el día. Un objetivo SMART sería trabajar para mejorar la calidad de sueño durante la próxima semana.

- Específico: Obtener más horas de sueño para su hijo.

- Medible: Anotar la hora en que se apagan las luces en el dormitorio y la hora en que su hijo se levantó.
- Alcanzable: Sí, su hijo puede dormir más si no usa el teléfono celular, la tableta y el ordenador portátil (laptop) en la cama.
- Relevante: No llevar el teléfono celular, la tableta o el ordenador portátil (laptop) al dormitorio mejora la calidad de sueño.
- Rastreable: Seguimiento de cuántos días se mejora la calidad de sueño.

Seguidamente, evalúe el costo y el beneficio de este plan de objetivos SMART para su hijo. Decida si quiere continuar con este plan de acción, modificarlo o cambiarlo completamente y por qué. Anote esta información en su diario. .

Por ejemplo, pregúntele a su hijo cuál ha sido su experiencia de dormir sin llevar el teléfono celular, la tableta o el ordenador portátil (laptop) a la cama. Comparta con su hijo su experiencia al haberlo hecho. Dependiendo de la edad de su hijo, invítele a hacer un dibujo o a escribir sobre los resultados de irse a la cama sin tener ningún dispositivo alrededor.

Desarrolle planes de acción de objetivos SMART para sus otras áreas de preocupación. Para dar otro ejemplo de un plan de acción de objetivos SMART, un padre nota que el niño llora o se queja cuando se le limita el uso de un dispositivo electrónico. Un objetivo SMART puede ser, por ejemplo, reducir la frecuencia de este comportamiento sustituyendo el tiempo de uso del dispositivo por tiempo individual para construir un avión de juguete, hacer joyas o jugar con legos.

Ayude a Sustituir el Tiempo de Pantalla con Actividades Familiares Positivas

Considere la posibilidad de programar una serie de actividades para toda la familia, así como tiempo individual con cada niño que comunique "Quiero estar contigo; eres importante para mí; y podemos divertirnos juntos". Sea creativo y aproveche sus intereses personales para divertirse sin necesidad de estar frente a la pantalla. Por ejemplo:

- Dar un paseo en familia
- Hacer un picnic
- Montar en bicicleta juntos
- Jugar al frisbee

- Jugar a la pelota, saltar a la cuerda
- Cocinar una comida juntos
- Plantar un jardín
- Salir a tomar un helado
- Para niños muy pequeños puede:

    - o Enseñarles rimas infantiles
    - o Jugar con ellos a "Simon dice", "Peek-a- boo" "Los puentes de Londres se caen"

También le puede preguntar a sus abuelos qué hacían antes de la Internet para divertirse sin pantallas.

Los padres deben ser buenos modelos para sus hijos. La ventaja es que el funcionamiento ejecutivo de su hijo, es decir, el trabajo de su parte del cerebro responsable de la reflexión, integración de pensamientos y planeamiento, mejorará. El centro del placer de su hijo también estará menos estimulado, lo que contribuirá a que se sienta más tranquilo.

Use aplicaciones (Apps) que Ayuden a Aumentar el Tiempo sin Pantalla

Existen muchas aplicaciones que le ayudarán a ser más consciente del uso que hacen los miembros de su familia de las pantallas y a permitirles pasar más tiempo sin ellas. Un ejemplo es Onward, una aplicación que ayuda a bloquear sitios web y aplicaciones; y a hacer un seguimiento del uso del teléfono celular o la tableta.

También hay aplicaciones que le permiten designar el tiempo libre de pantalla para toda la familia. Algunos ejemplos incluyen:

- Moment Family
- Breakfree
- DinnerTime Plus

Considere la posibilidad de instalar cortafuegos y sistemas de filtrado de Internet en teléfonos celulares, tabletas y ordenadores, según convenga a su familia. Hay muchos en el mercado. Compruebe qué sistema es el más apropiado para usted y su familia. Algunas sugerencias incluyen:

- Circle Go
- Qustodio
- Covenant Eyes
- Mobicip
- OurPact

Dispositivos de bloqueo de aplicaciones a considerar:

- Freedom para productos Apple y Windows
- Offtime para productos Android

GizmoPal es un reloj de seguimiento GPS para niños que puede beneficioso para su familia.

Tome el reto de reducir el tiempo de pantalla.

Al principio, intente reducir su tiempo de pantalla por una hora a la semana.

También puede retar a su familia a un día sin pantallas. El hecho de que su familia renuncie a las pantallas por un día no pretende ser un castigo. Es una oportunidad para su familia de reflexionar en las formas en que la actividad de la pantalla les separó y las formas en que deciden cómo quieren enriquecer su tiempo juntos.

- Involucre a su familia.
- Elija un día que se sea realista para ser libre-de-pantalla.
- Tómese un tiempo para reflexionar en su día sin pantallas en familia.

- o ¿Qué notó?
- o ¿Cómo se compara su día sin pantallas a un día en que sí las usaba?
- o ¿Qué pudo notar cuando estaba inter-actuando con otros cara-a-cara durante un día?
- o ¿Qué pudo hacer su familia porque usted no estaba comprometido con sus pantallas individuales?

Basándose en su propia experiencia de un día sin pantalla, considere la posibilidad de encontrar un fin de semana entero sin pantalla.

¿Necesita Ayuda?

Para algunas personas, los juegos en línea y otras actividades en la Internet se convierten en una obsesión irresistible. Hay ayuda disponible. Las opciones de tratamiento van desde una terapia ambulatoria limitada hasta programas residenciales intensivos para pacientes internos. Busque en Internet opciones de tratamiento que se ajusten a sus necesidades y a las de su familia.

Apéndice B

Folleto de Debate para Jóvenes Adultos

https://youtu.be/Thkl8-q2pYc

Bienvenidos a la viñeta de debate en grupo de la Universidad de la Asociación Médica Católica (CMA) - "Por qué no puede colgar ese teléfono" En el transcurso de sus discusiones, verá un breve vídeo (aproximadamente 5½ minutos), que resaltará algunos principios importantes sobre el uso de los medios de pantalla. Tras la presentación del vídeo, se llevará a cabo un debate de grupo. Tendrán la oportunidad de hablar sobre cómo el tiempo en la pantalla influye en su vida diaria.

Escucharán algunas ideas que han beneficiado a muchos otros jóvenes adultos. Algunos grupo tal vez quieran programar sesiones adicionales para compartir sus experiencias e ideas. ¡Qué lo disfruten!

Sección 1

Preguntas de Revisión de Vídeo

1. ¿Escuchó algo en el vídeo que le sorprendió?
2. A qué se refiere Marshall McLuhan cuando dice: "El medio es más que el contenido, es el mensaje"
3. ¿Por qué la imprevisibilidad es tan poderosa para estimular el deseo y el ansia?
4. ¿Cómo es que el acondicionamiento operante o la señalización hace que quiera revisar su teléfono celular?
5. ¿Las personas que participan excesivamente en los juegos en línea, como por ejemplo, World of Warcraft o Minecraft, pueden tener problemas para detenerse. Describa por qué sucede ésto.
6. Cuál sería su respuesta al escuchar que: Steve Jobs, el fundador del iPhone, nunca permitió que sus hijos usaran un iPhone; y que Evan Williams, el fundador de Blogger, Twitter y Medium, se negó a dar a sus dos hijos pequeños un iPad y en su lugar les compró cientos de libros.[116]

---

[116] N. Bilton, Steve Jobs was a low-tech parent. *New York Times.* (September 10, 2014.) https://nytimes.com/

Preguntas para el Debate en Grupo

Las siguientes preguntas tienen como fin ayudar a reflexionar sobre el uso de los medios de comunicación en pantalla

1. ¿De qué manera las plataformas de medios sociales le benefician a usted, a su familia y a sus amigos?
2. ¿Cuál es su reacción cuando coge el teléfono para ver si tiene mensajes o algún "Me Gusta" y no hay ninguno? ¿Cómo le hace sentir ésto?
3. ¿Se sorprende a sí mismo accediendo a las redes sociales cuando debería estar haciendo otra cosa?
4. ¿Cuánto tiempo pasa con sus amigos en línea en comparación con sus amigos en la vida real?
5. ¿En qué situaciones interrumpe una conversación que está teniendo con alguien cara-a-cara para revisar un mensaje que ha recibido?
6. ¿Hace multitarea cuando está usando sus pantallas? ¿Qué elige hacer cuando hace multitarea?

2014/09/11/fashion/steve-jobs-apple-was-a-low-tech-parent.html

7. ¿Ha experimentado alguna vez el Miedo a Perderse Algo, FOMO (siglas en inglés-Fear Of Missing Out) ¿En qué situaciones?
8. ¿Cuánto tiempo personal dedica diariamente a su(s) dispositivo(s) electrónico(s)?
9. ¿Existen factores desencadenantes para el uso de su dispositivo electrónico? ¿Cuándo está aburrido? ¿Solo? ¿Cuándo despierta en la mañana? ¿Cuándo espera en la fila? ¿Otros?
10. ¿Cómo afecta el uso de dispositivos electrónicos a su estado de ánimo?
11. Cuando utiliza su dispositivo electrónico, ¿con que frecuencia tiene un propósito claro en mente?
12. ¿Se lleva el teléfono a la cama? ¿Cuánto tiempo está con el teléfono en la cama antes de intentar dormirse?
13. ¿En qué momentos o situaciones cree que es inapropiado participar en las redes sociales?
14. ¿Qué le preocuparía si le pidieran que apagara sus dispositivos durante un día?
15. ¿Qué habilidades, destrezas o talentos podría desarrollar si pasara una hora menos en las redes sociales cada día?

Sección 2

Sea un Usuario más Inteligente de la Pantalla. Conocemos los trucos que utilizan los anunciantes para tentarnos—un delicioso helado o un brillante coche rojo. Los ingenieros de diseño electrónico también saben cómo llamar nuestra atención. El color rojo en las notificaciones de nuestros teléfonos celulares y tabletas provocan el deseo de ver de qué se trata. La reproducción automática de los vídeos puede hacer que nos enganchemos a verlos durante mucho más tiempo del previsto. Cada vez son más las funciones de los teléfonos celulares y las tabletas que están diseñadas para que pasemos más tiempo utilizando estos dispositivos.

He aquí algunas sugerencias para ayudarle a ser más consciente de su uso de la tecnología:

Diga no a las notificaciones. Una notificación tiene como objetivo avisar de que algo importante necesita atención. La mayoría de las notificaciones de teléfonos y tabletas están automatizadas por máquinas y no involucran a personas. Están pensadas para que se involucre con una aplicación en la que de otra manera no habría pensado. Configure las notificaciones sólo para las cosas que son importantes para usted.

Ponga su teléfono en modo "no molestar" y sólo permita mensajes de sus "favoritos". Le sorprenderá el tiempo que las interrupciones de los mensajes le quitan de lo que es importante para usted.

Sin zonas de pantalla. Utilice una buena etiqueta de pantalla. La ausencia de pantallas a la hora de las comidas ayudará a facilitar las conversaciones cara-a-cara. Mantenga también su teléfono celular y su tableta fuera del dormitorio por la noche. Probablemente tendrá más minutos de sueño y mejor calidad de descanso. Por supuesto, no lea envíe mensajes mientras conduce.

Utilice un reloj despertador antiguo. No usar el teléfono o la tableta como un reloj-alarma evitará que usted se sienta tentado a participar en las muchas otras funciones que ofrece el teléfono o la tableta en un tiempo y lugar designado para descansar y dormir.

Use aplicaciones (Apps) que Ayuden a Aumentar el Tiempo sin Pantalla. Existen muchas aplicaciones disponibles para ayudarle a ser más consciente de su uso de las pantallas y permitir más tiempo sin ellas. Un ejemplo es Onward, una aplicación que ayuda a bloquear sitios web y aplicaciones y a dar seguimiento del uso del teléfono y la tableta.

También hay aplicaciones que le permiten designar el tiempo libre de pantalla durante el día. Algunos ejemplos incluyen:

- Moment Family
- Breakfree

Considere la posibilidad de instalar cortafuegos y sistemas de filtrado de Internet para su teléfono celular, tableta, y ordenador. Hay muchos

en el mercado. Algunas sugerencias incluyen:

- Circle Go
- Qustodio
- Covenant Eyes

Dispositivos de bloqueo de aplicaciones a considerar:

- Freedom for Apple and Windows products
- Offtime for Android products

Tome el reto de reducir el tiempo de pantalla. Al principio, intente reducir su tiempo de pantalla por una hora a la semana.

También puede proponerse a tener un día sin pantallas. Renunciar a las pantallas por un día no pretende ser un castigo. Es una oportunidad para usted de desafiarse a sí mismo a interactuar con la gente de nuevas maneras.

- Haga que sus amigos se involucren en la iniciativa.
- Elija un día que sea realista para estar libre de pantallas.
- Tome tiempo para reflexionar sobre su día sin pantallas.

    - ¿Qué notó?
    - ¿Cómo se compara su día sin pantallas a un día en que sí las usaba?
    - ¿Qué pudo notar cuando estaba interactuando cara-a-cara con otros por un día?
    - ¿Qué pudo hacer porque no estaba comprometido con sus pantallas individuales?

Basándose en su experiencia de un día sin pantallas, considere la posibilidad de encontrar un fin de semana entero para estar sin pantallas.

¿Necesita ayuda?

Para algunas personas, los juegos en línea y otras actividades en la Internet se convierten en una obsesión irresistible. Hay ayuda disponible. Las opciones de tratamiento van desde una terapia ambulatoria limitada hasta programas residenciales intensivos para pacientes internos. Busque en Internet las opciones de tratamientos que se ajusten a sus necesidades.

Guía del Facilitador de Grupo

Sugerencias para ayudarle a planificar

- Un facilitador de grupo no tiene que ser un experto en neurofisiología o psicología. Más bien, un facilitador hace que los demás se sientan bienvenidos y es capaz de sonsacar a los que necesitan un poco más de ánimo; y frena a los participantes más exuberantes.

- Familiarícese con el vídeo, las preguntas, los ejercicios y los recursos sugeridos antes de su reunión. Dedique tiempo a pensar en cómo la gente puede responder a ellos. Ésto le ayudará a estar preparado para algunas direcciones que pudiera tomar el debate.
- Programe una sesión de debate de 60 minutos para su grupo con la mayor antelación posible y anúnciela a su audiencia objetivo. Dado que el folleto contiene más material del que se puede abarcar en una hora, puede seleccionar las preguntas en las que desea que su grupo se centre durante esa hora. Informe a los participantes de que en el folleto también hay consejos y sugerencias útiles que pueden considerar por su cuenta.
- Puede que algunos grupos quieran reunirse dos o tres veces.

    - Durante la primera sesión, los participantes pueden centrarse en preguntas de interés.
    - Para la segunda sesión, invite a los participantes a compartir algunos de los consejos o sugerencias que hayan puesto en práctica.

- o Si se desea realizar una tercera sesión de debate, céntrese en áreas de interés concretas y fomente la aplicación continua de consejos, recomendaciones u otras ideas útiles que hayan surgido durante el debate en grupo.

- Disponer de un espacio de reunión adecuado y de un equipo audiovisual para reproducir el vídeo "Por qué no Puede Colgar ese Teléfono."
- Una vez que sepa cuántas personas asistirán al debate, haga copias del folleto de debate.
- Considere la posibilidad de poner una mesa de hospitalidad con refrigerios sencillos, que pueden ayudar a romper el hielo y a fomentar el debate dentro del grupo.
- Llegue temprano a la sesión para preparar la mesa de registro y el área de hospitalidad; organice el espacio de reunión para la presentación del vídeo y la discusión.
- Considere la posibilidad de hacer una oración pidiendo la bendición de Dios sobre todos lo que participarán en sus debates.
- Considere la posibilidad de elegir una oración para comenzar cada sesión de debate.

- La preparación más importante para usted como facilitador es repasar usted mismo las preguntas. Su participación personal en el estudio le ayudará a relacionarse y a comprender las experiencias de los miembros de su grupo.
- Recuerde, el trabajo del facilitador no es contestar a todas las preguntas que surjan. Siempre que sea posible, pregunte primero al participante qué piensa. Si lo considera oportuno, pida a los demás presentes que aporten sus ideas.
- Manténgase en el tiempo y en el tema. A algunas personas les resulta útil tener a una segunda persona en el grupo que se encarga de dar una señal de "advertencia" de diez minutos para que haya tiempo suficiente para terminar la discusión y quizás cerrarla con una oración. Terminar el período de debate con prontitud es esencial y demuestra respeto por los participantes.
- El grupo esperará que usted mantenga la discusión en movimiento.

    - Esté atento a los indicios de que una persona tímida tiene algo que decir y anímela a hablar sin ponerla en apuros.

  - "Frene" o controle amablemente a los participantes que dominen el grupo. Si continúan, pídales en privado que le ayuden a conseguir que otros participen.
  - Redirija suavemente los comentarios o preguntas tangenciales.

- No comparta confidencias fuera del grupo.
- ¡Diviértase!

Cómo estructurar cada sesión de debate

He aquí un programa sencillo:

- Introducción (5–10 minutos) para la reunión y comentarios de apertura.
- Ver el vídeo "Por Qué No Puedes Colgar ese Teléfono" (5 ½ minutos)
- Debate en grupo (30 minutos) en el que se involucra a los participantes utilizando el folleto con sus preguntas de discusión, consejos y sugerencias; y, recursos.
- Observaciones finales y posible oración (5–10 minutos)

Sección 1

Preguntas de Revisión de Vídeo

1. ¿Escuchó algo en el vídeo que le sorprendiera?
2. Qué quiere decir Marshall McLuhan cuando afirma que: "El medio, más que el contenido, es el mensaje."
3. ¿Por qué la imprevisibilidad es tan fuerte en el estímulo del deseo y el ansia?
4. ¿Cómo es que el condicionamiento operante o señalamiento (cueing) hace que quiera mirar o revisar su teléfono celular?
5. Las personas que se dedican en exceso a los juegos en línea, como por ejemplo, World of Warcraft o Minecraft, pueden tener dificultad para dejar de jugar. Describa por qué ocurre ésto.
6. ¿Cuál es su respuesta al escuchar que Steve Jobs, fundador del iPhone, nunca permitió que sus hijos usaran un iPhone y que Evan Williams, fundador de Blogger, Twitter and Medium, se

negó a dar a sus dos hijos pequeños un iPad y en su lugar les compró cientos de libros?[117]

Preguntas para el Debate en Grupo

Las siguientes preguntas pretenden ayudarle a reflexionar en su uso de los medios de comunicación en pantalla.

1. ¿De qué manera le benefician a usted, a su familia y a sus amigos las plataformas de los medios sociales/mensajes de texto?
2. ¿Cuál es su reacción cuando coge el teléfono para ver si tiene mensajes o algún "Me Gusta" y no hay ninguno? ¿Cómo le hace sentir ésto?
3. ¿Se sorprende a sí mismo accediendo a las redes sociales cuando debería estar haciendo otra cosa?
4. ¿Cuánto tiempo pasa con sus amigos en línea en comparación con sus amigos en la vida real?

---

[117] N. Bilton, Steve Jobs was a low-tech parent. *New York Times.* (September 10, 2014.) https://nytimes.com/2014/09/11/fashion/steve-jobs-apple-was-a-low-tech-parent.html

5. ¿En qué situaciones interrumpe una conversación que está teniendo con alguien cara a cara para revisar un mensaje que ha recibido?
6. ¿Hace multitarea cuando está usando sus pantallas? ¿Qué elige hacer cuando hace multitarea?
7. ¿Ha experimentado alguna vez el Miedo a Perderse de algo, FOMO (siglas en inglés-Fear Of Missing Out)? ¿En qué situaciones?
8. ¿Cuánto tiempo personal dedica diariamente a su(s) dispositivo(s) electrónico(s)?
9. ¿Existen factores desencadenantes para el uso de su dispositivo electrónico? ¿Cuándo está aburrido? ¿Solo? ¿Cuándo despierta en la mañana? ¿Cuándo espera en la fila? ¿Otros?
10. ¿Cómo afecta el uso de dispositivos electrónicos a su estado de ánimo?
11. Cuando utiliza su dispositivo electrónico, ¿con qué frecuencia tiene un propósito claro en mente?
12. ¿Se lleva el teléfono a la cama? ¿Cómo ha afectado esto a la cantidad de sueño que tiene cada noche?
13. ¿En qué momentos o situaciones cree que es inapropiado participar en las redes sociales?
14. ¿Qué le preocuparía si le pidieran que apagara sus dispositivos durante un día?

15. ¿Qué habilidades, destrezas o talentos podría desarrollar si pasara una hora menos en las redes sociales cada día?

Sección 2

Sea un Usuario más Inteligente de la Pantalla

Conocemos los trucos que utilizan los anunciantes para tentarnos—un delicioso helado o un brillante coche rojo. Los ingenieros de diseño electrónico también saben cómo llamar nuestra atención. El color rojo en las notificaciones de nuestros teléfonos celulares y tabletas provocan el deseo de ver de qué se trata. La reproducción automática de los vídeos puede hacer que nos enganchemos a verlos durante mucho más tiempo del previsto. Cada vez son más las funciones de los teléfonos celulares y las tabletas que están diseñadas para que pasemos más tiempo utilizando estos dispositivos.

He aquí algunas sugerencias para ayudarle a ser más consciente de su uso de la tecnología:

Diga no a las notificaciones. Una notificación tiene como objetivo avisar de que algo importante necesita atención. La mayoría de las notificaciones de teléfonos y tabletas están automatizadas por máquinas y no involucran a personas. Están pensadas para que se involucre con una aplicación en la que de otra manera no habría pensado.

Establezca notificaciones para las cosas que son importantes para usted. Ponga su teléfono en modo "no molestar" y sólo permita mensajes de sus "favoritos". Le sorprenderá el tiempo que las interrupciones de los mensajes le quitan de lo que es importante para usted.

Sin zonas de pantalla. Utilice una buena etiqueta de pantalla. La ausencia de pantallas a la hora de las comidas ayudará a facilitar las conversaciones cara-a-cara.

Mantenga también su teléfono celular y su tableta fuera del dormitorio por la noche. Probablemente tendrá más minutos de sueño y mejor calidad de descanso. Por supuesto, no lea o envíe mensajes mientras conduce.

Utilice un reloj despertador antiguo. No usar su teléfono o tableta como un reloj alarma evitará que usted se sienta tentado a participar en las muchas otras funciones que ofrece el teléfono o la tableta en un tiempo y lugar designado para descansar y dormir.

Utilice Apps que Ayuden a Aumentar el Tiempo sin Pantalla. Existen muchas aplicaciones disponibles para ayudarle a ser más consciente de su uso de las pantallas y permitir más tiempo sin ellas. Algunos ejemplos incluyen Circle Go, Qustodio, Onward, que son aplicaciones que ayudan a bloquear sitios web y aplicaciones; y a dar seguimiento del uso del teléfono y la tableta.

También hay aplicaciones que le permiten designar el tiempo libre de pantalla durante el día. Algunos ejemplos incluyen:

- Moment Family
- Breakfree

Considere la posibilidad de instalar cortafuegos y sistemas de filtrado de Internet para su teléfono celular, tableta y ordenador. Hay muchas en el mercado. Una de estas aplicaciones es Covenant Eyes.

Dispositivos de bloqueo de aplicaciones a considerar:

- Freedom para productos Apple y Windows
- Offtime para productos Android

Póngase el reto de reducir el tiempo de pantalla.

Al principio, intente reducir su tiempo de pantalla durante una hora por semana.

También puede proponerse a tener un día sin pantallas. Renunciar a las pantallas por un día no pretende ser un castigo. Es una oportunidad para usted de desafiarse a sí mismo a interactuar con la gente de nuevas maneras.

- Haga que sus amigos se involucren en la iniciativa.
- Elija un día que sea realista para estar libre de pantallas.
- Tome tiempo para reflexionar sobre su día sin pantallas.

    - ¿Qué notó?
    - ¿Como se compara su día sin pantallas a un día en que sí las usaba?
    - ¿Qué pudo notar cuando estaba interactuando cara-a-cara con otros por un día?
    - ¿Qué pudo hacer porque no estaba comprometido con sus pantallas individuales?

Basándose en su experiencia de un día sin pantallas, considere la posibilidad de encontrar un fin de semana entero para estar sin pantallas.

¿Necesita ayuda?

Para algunas personas, los juegos en línea y otras actividades en la Internet se convierten en una obsesión irresistible. Hay ayuda disponible. Las opciones de tratamiento van desde una terapia ambulatoria limitada hasta programas residenciales intensivos para pacientes internos. Busque en línea las opciones de tratamientos que se ajusten a sus necesidades.

Apéndice C

Folleto de Debate para Adolescentes

https://youtu.be/Thkl8-q2pYc

Bienvenidos a la viñeta de debate en grupo de la Universidad de la Asociación Médica Católica (CMA) - "Por qué no puede colgar ese teléfono" En el transcurso de sus discusiones, verán un breve vídeo (aproximadamente 5 1/2 minutos), que resaltará algunos principios importantes sobre el uso de los medios de pantalla. Después de la presentación del vídeo, se llevará a cabo un debate de grupo. Tendrán la oportunidad de hablar sobre cómo el tiempo de pantalla influye en su vida diaria. Escucharán algunas ideas que han beneficiado a muchos otros jóvenes adultos. Algunos grupos tal vez deseen programar sesiones adicionales para compartir sus experiencias e ideas. ¡Qué lo disfruten!

Sección 1

Revisión del Vídeo

1. ¿Escuchó algo en el vídeo que le sorprendiera?
2. ¿Cómo es que el acondicionamiento operante o la señalización ("cueing") hace que quiera revisar su teléfono celular? (Pista: Piense en la foca del vídeo).
3. ¿Cómo puede el uso excesivo de pantallas alterar el cerebro en desarrollo de los adolescentes? ¿Qué neuroquímico está especialmente implicado en esta alteración?
4. Las personas que participan excesivamente en los juegos en línea, como, por ejemplo, World of Warcraft o Minecraft pueden tener problemas para detenerse. Describa cómo ocurre esto.
5. Cuál sería su respuesta al escuchar que: Steve Jobs, el fundador del iPhone, nunca permitió que sus hijos usaran un iPhone; y que Evan Williams, el fundador de Blogger, Twitter y Medium, se

negó a dar a sus dos hijos pequeños un iPad y en su lugar les compró cientos de libros.[118]

Preguntas para el Debate en Grupo

Las siguientes preguntas tienen como fin ayudarle a reflexionar sobre su uso de los medios de comunicación en pantalla.

1. ¿De qué manera las plataformas de los medios sociales y los mensajes de texto le benefician a usted, a su familia, y a sus amigos?
2. ¿Cuál es su reacción cuando coge el teléfono para ver si tiene mensajes o algún "Me Gusta" y no hay ninguno? ¿Cómo le hace sentir ésto?
3. ¿Se sorprende a sí mismo accediendo a las redes sociales cuando debería estar haciendo otra cosa?
4. ¿Cuánto tiempo pasa con sus amigos en línea en comparación con sus amigos en la vida real?

---

[118] N. Bilton, Steve Jobs was a low-tech parent. *New York Times.* (September 10, 2014.) https://nytimes.com/2014/09/11/fashion/steve-jobs-apple-was-a-low-tech-parent.html

5. ¿En qué situaciones interrumpe una conversación que está teniendo con alguien cara-a-cara para revisar un mensaje que ha recibido?
6. ¿Hace varias tareas simultaneas cuando está usando sus pantallas? ¿Qué elige hacer cuando hace multitarea?
7. ¿Ha experimentado alguna vez el Miedo a Perderse Algo, FOMO (siglas en inglés, Fear of Missing Out)? ¿En qué situaciones?
8. ¿Cuánto tiempo personal dedica diariamente a su(s) dispositivo(s) electrónico(s)?
9. ¿Existen factores desencadenantes para el uso de su dispositivo electrónico? ¿Cuándo está aburrido? ¿Solo? ¿Cuándo despierta en la mañana? ¿Otros?
10. ¿Cómo afecta el uso de dispositivos electrónicos a su estado de ánimo?
11. Cuando utiliza su dispositivo electrónico, ¿con qué frecuencia tiene un propósito claro en mente?
12. ¿Con qué frecuencia ha dormido menos por la noche por haber utilizado el teléfono en la cama?
13. ¿En qué situaciones piensa que es inapropiado utilizar las redes sociales?
14. ¿Cuántas de sus publicaciones ayudan a edificar a la gente?

15. ¿Qué le preocuparía si le pidieran que apagara sus dispositivos por 24 horas?
16. ¿Qué habilidades, destrezas o talentos podría desarrollar si pasara una hora menos en las redes sociales cada día?

Sección 2

Sea un Usuario más Inteligente de la Pantalla. Conocemos los trucos que utilizan los anunciantes para tentarnos—un delicioso helado o un brillante coche rojo. Los ingenieros de diseño electrónico también saben cómo llamar nuestra atención. El color rojo en las notificaciones de nuestros teléfonos celulares y tabletas provocan el deseo de ver de qué se trata. La reproducción automática de los vídeos puede hacer que nos enganchemos a verlos durante mucho más tiempo del previsto. Cada vez son más las funciones de los teléfonos celulares y las tabletas que están diseñadas para que pasemos más tiempo utilizando estos dispositivos.

He aquí algunas sugerencias para ayudarle a estar más consciente de su uso de la tecnología:

Diga no a las notificaciones. Una notificación tiene como objetivo avisar de que algo importante necesita atención. La mayoría de las notificaciones de teléfonos y tabletas están automatizadas por máquina y no involucran a personas. Están pensadas para que se involucre con una aplicación en la que de otra manera no habría pensado. Establezca notificaciones para las cosas que son importantes para usted.

Ponga su teléfono en modo "no molestar" y sólo permita llamadas de sus "favoritos". Le sorprenderá el tiempo que las interrupciones de los mensajes le quitan de lo que es importante para usted.

Sin zonas de pantalla. Utilice una buena etiqueta de pantalla. La ausencia de pantallas a la hora de las comidas ayudará a facilitar las conversaciones cara-a-cara. Mantenga también su teléfono celular y su tableta fuera del dormitorio por la noche. Probablemente tendrá más minutos de sueño y mejor calidad de descanso. Por supuesto, no debe leer o enviar mensajes mientras conduce.

Utilice un reloj despertador antiguo. No usar su teléfono o tableta como un reloj alarma evitará que usted se sienta tentado a participar en las muchas otras funciones que ofrece el teléfono o la tableta en un tiempo y lugar designado para descansar y dormir.

Use aplicaciones (Apps) que Ayuden a Aumentar el Tiempo sin Pantalla. Hay muchas aplicaciones disponibles para ayudarle a ser más consciente de las pantallas que accede y del tiempo que las utiliza. Considere la posibilidad de hablar con sus padres sobre lo que hay disponible.

Use aplicaciones (Apps) que Ayuden a Aumentar el Tiempo sin Pantalla. Hay muchas aplicaciones disponibles para ayudarle a ser más consciente de su uso de las pantallas y permitirle pasar más tiempo sin ellas. Un ejemplo es Onward, una aplicación que ayuda a bloquear sitios web y aplicaciones; y que hace un seguimiento del uso del teléfono o la tableta.

Considere la posibilidad de instalar cortafuegos y sistemas de filtrado de Internet para su teléfono celular, tableta y ordenador. Hay muchos en el mercado. Algunas sugerencias incluyen:

- Circle Go
- Qustodio
- Covenant Eyes

Dispositivos de bloqueo de aplicaciones a considerar:

- Freedom para productos Apple y Windows
- Offtime para productos Android

Póngase el reto de reducir el tiempo de Pantalla. Al principio, intente reducir su tiempo de pantalla durante una hora por semana. También, puede proponerse a tener un día sin pantallas. Renunciar a las pantallas por un día no pretende ser un castigo. Es una oportunidad para usted de desafiarse a a sí mismo a interactuar con la gente de nuevas maneras.

- Haga que sus amigos se involucren en la iniciativa.
- Elija un día que sea realista para estar libre de pantallas.
- Tome algún tiempo para reflexionar sobre su día sin pantallas.

    - ¿Qué notó?
    - ¿Cómo se compara su día sin pantallas a uno en que sí las usaba?
    - ¿Qué pudo notar cuando estaba interactuando cara-a-cara con otros por un día?

- o ¿Qué pudo hacer porque no estaba comprometido con sus diferentes pantallas?

Basándose en su experiencia de un día sin pantallas, considere la posibilidad de encontrar un fin de semana entero para estar sin pantallas.

¿Necesita ayuda?

Si conoce a alguien que tiene problemas con el uso excesivo de las pantallas anímele a hablar, por ejemplo, con sus padres, con un pastor de jóvenes o con un consejero escolar.

Guía del Facilitador de Grupo

Sugerencias para ayudarle a planificar

- Un facilitador de grupo no tiene que ser un experto en neurofisiología o psicología. Más bien, un facilitador hace que los demás se sientan bienvenidos y es capaz de sonsacar a los que necesitan un poco más de ánimo; y frena a los participantes más exuberantes.

- Familiarícese con el vídeo, las preguntas, los ejercicios y los recursos sugeridos antes de su reunión. Dedique tiempo a pensar en cómo la gente puede responder a ellos. Ésto le ayudará a estar preparado para algunas direcciones que pudiera tomar el debate.
- Programe una sesión de debate de 60 minutos con la mayor antelación posible y anúnciela a su audiencia objetivo. Dado que el folleto contiene más material del que se puede abarcar en una hora, puede seleccionar las preguntas en las que desea que su grupo se centre durante esa hora. Informe a los participantes de que en el folleto también hay consejos y sugerencias útiles que pueden considerar por su cuenta.
- Puede que algunos grupos quieran reunirse dos o tres veces.

    - Durante la primera sesión, los participantes pueden centrarse en preguntas de interés.
    - Para la segunda sesión, invite a los participantes a compartir algunos de los consejos o sugerencias que hayan puesto en práctica.

  - o Si se desea realizar una tercera sesión de debate, céntrese en áreas de interés y fomente la aplicación continua de consejos, recomendaciones u otras ideas útiles que hayan surgido durante el debate en grupo.

- Disponer de un espacio de reunión adecuado y de un equipo audiovisual para reproducir el vídeo "Por qué no puede colgar ese teléfono"
- Una vez que sepa el número de personas que asistirán al debate, haga copias del folleto de debate.
- Considere la posibilidad de poner una mesa de hospitalidad con refrigerios sencillos, que pueden ayudar a romper el hielo y a fomentar el debate dentro del grupo.
- Llegue temprano a la sesión para preparar la mesa de registro y el área de hospitalidad; organice el espacio de la reunión para la presentación del vídeo y la discusión.
- Considere la posibilidad de hacer una oración pidiendo la bendición de Dios para todos los que participarán en sus debates.
- Considere la posibilidad de elegir una oración para comenzar cada sesión de debate.

- La preparación más importante para usted como facilitador es repasar usted mismo las preguntas. Su participación personal en el estudio le ayudará a relacionarse y a comprender las experiencias de los miembros de su grupo.
- Recuerde, el trabajo del facilitador no es contestar a todas las preguntas que surjan. Siempre que sea posible, pregunte primero al participante qué piensa. Si lo considera oportuno, pida a los demás presentes que aporten sus ideas.
- Manténgase en el tiempo y en el tema. A algunas personas les resulta útil tener a una segunda persona en el grupo que se encarga de dar una señal de "advertencia" de diez minutos para que haya tiempo suficiente para terminar la discusión y quizás cerrarla con una oración. Terminar el período de debate con prontitud es esencial y demuestra respeto por los participantes.
- El grupo esperará que usted mantenga la discusión en movimiento.

    - Esté atento a los indicios de que una persona tímida tiene algo que decir y anímela a hablar sin ponerla en apuros.

- "Frene" o controle amablemente a los participantes que dominen el grupo. Si continúan, pídales en privado que le ayuden a conseguir que otros participen.
- Redirija suavemente los comentarios o preguntas tangenciales.

- No comparta confidencias fuera del grupo.
- ¡Diviértase!!

<u>Cómo estructurar cada sesión de debate</u>

He aquí un programa sencillo:

- Introducción (5–10 minutos) para la reunión y comentarios de apertura
- Ver el vídeo "Por Qué no Puede Colgar ese Teléfono" (5 ½ minutos)
- Debate en grupo (30 minutos) en el que se involucra a los participantes usando el folleto con sus preguntas de discusión, consejos y sugerencias; y recursos
- Observaciones finales y posible oración (5–10 minutos)

Sección 1

Preguntas de Revisión de Vídeo

1. ¿Escuchó algo en el vídeo que le orprendiera?
2. ¿Cómo es que el condicionamiento operante o señalamiento (cueing) hace que quiera mirar o revisar su teléfono celular? (Pista: Piense en la foca en el vídeo).
3. ¿Cómo puede el uso excesivo de pantallas alterar el cerebro en desarrollo de los adolescentes? ¿Qué neuroquímico está especialmente implicado en esta alteración?
4. Las personas que se dedican en exceso a los juegos en línea como World of Warcraft o Minecraft, por ejemplo, pueden tener dificultad para detenerse. Describa cómo sucede esto.
5. ¿Cuál es su respuesta cuando escucha decir que: Steve Jobs,[119] fundador del iPhone, jamás permitió a sus hijos usar un iPhone; y que Evan Williams, fundador de Blogger, Twitter y

[119] N. Bilton, Steve Jobs was a low-tech parent. *New York Times.* (September 10, 2014.) https://nytimes.com/2014/09/11/fashion/steve-jobs-apple-was-a-low-tech-parent.html

Medium, se negó a dar a sus dos hijos pequeños un iPad y en su lugar les compró cientos de libros?

Preguntas para el Debate en Grupo

Las siguientes preguntas pretenden ayudarle a reflexionar en su uso de los medios de comunicación en pantalla.

1. ¿De qué manera le benefician a usted, a su familia y a sus amigos las plataformas de los medios sociales y los mensajes de texto?
2. ¿Cuál es su reacción cuando coge el teléfono para ver si tiene mensajes o algún "Me Gusta" y no ha ninguno? ¿Cómo le hace sentir esto?
3. ¿Se sorprende a sí mismo accediendo a las redes sociales cuando debería estar haciendo otra cosa?
4. ¿Cuánto tiempo pasa con sus amigos en línea en comparación con el que pasa con sus amigos en la vida real?
5. ¿En qué situaciones ha interrumpido una conversación que está teniendo con alguien cara-a-cara para revisar un mensaje que ha recibido?
6. ¿Hace multitarea cuando usa sus pantallas? ¿Que elige hacer cuando hace multitarea?

7. ¿Ha experimentado alguna vez el Miedo a Perderse de Algo, FOMO (siglas en inglés-Fear Of Missing Out)? ¿En qué situaciones?
8. ¿Cuánto tiempo personal dedica diariamente a su(s) dispositivo(s) electrónico(s)?
9. ¿Existen factores desencadenantes para el uso de su dispositivo electrónico? ¿Cuándo está aburrido? ¿Cuándo está solo? ¿Cuándo despierta en la mañana? ¿Cuándo espera en la fila? ¿Otros?
10. ¿Cómo afecta el uso de dispositivos electrónicos a su estado de ánimo?
11. Cuando utiliza su dispositivo electrónico, ¿con qué frecuencia tiene un propósito claro en mente?
12. ¿Cuántas veces ha dormido menos en la noche por haberse llevado el teléfono a la cama?
13. ¿En qué momentos o situaciones cree que es inapropiado participar en las redes sociales?
14. ¿Cuántos de sus mensajes o publicaciones ayudan a edificar a la gente?
15. ¿Qué le preocuparía si se le pidiera que apagara sus dispositivos por 24 horas?
16. ¿Qué habilidades, destrezas o talentos podría desarrollar si pasara una hora menos en las redes sociales cada día?

Sección 2

Sea un Usuario más Inteligente de la Pantalla. Conocemos los trucos que utilizan los anunciantes para tentarnos—un delicioso helado o un brillante coche rojo. Los ingenieros de diseño electrónico también saben cómo llamar nuestra atención. El color rojo en las notificaciones de nuestros teléfonos celulares y tabletas provocan el deseo de ver de qué se trata. La reproducción automática de los vídeos puede hacer que nos enganchemos a verlos durante mucho más tiempo del previsto. Cada vez son más las funciones de los teléfonos celulares y las tabletas que están diseñadas para que pasemos más tiempo utilizando estos dispositivos.

He aquí algunas sugerencias para ayudarle a estar más consciente de su uso de la tecnología:

Diga no a las notificaciones. Una notificación tiene como objetivo dejarle saber que algo importante necesita atención. La mayoría de las notificaciones están automatizadas por máquina y no involucran a personas. Están pensadas para que se involucre con una aplicación en la que de otra manera no habría pensado. Establezca notificaciones para las cosas que son importantes para usted.

Ponga su teléfono en modo "no molestar" y sólo permita llamadas de sus "favoritos". Le sorprenderá el tiempo que las interrupciones de los mensajes le quitan de lo que es importante para usted.

Sin zonas de pantalla. Utilice una buena etiqueta de pantalla. La ausencia de pantallas a la hora de las comidas ayudará a facilitar las conversaciones cara-a-cara. También mantenga su teléfono celular y su tableta fuera del dormitorio por la noche. Probablemente tendrá más minutos de sueño y mejor calidad de descanso. Por supuesto, no debe leer o enviar mensajes mientras conduce.

Utilice un reloj despertador antiguo. No usar su teléfono o tableta como reloj alarma evitará que usted se sienta tentado a participar en las muchas otras funciones que ofrece el teléfono o la tableta en un tiempo y lugar designado para descansar y dormir.

Use Apps que Ayuden a Aumentar el Tiempo sin Pantalla. Existen muchas aplicaciones disponibles para ayudar a las personas a ser más conscientes de su uso de las pantallas y para permitirles más tiempo sin ellas.

Considere la posibilidad de instalar cortafuegos y sistemas de filtrado de internet para su celular, tabletas y ordenadores. Hay muchos en el mercado. Algunas sugerencias para los padres son:

- Circle Go
- Qustodio
- Covenant Eyes

Póngase el reto de reducir el tiempo de pantalla.

Al principio, intente reducir su tiempo de pantalla durante una hora por semana.

También, podría proponerse a tener un día sin pantallas. Renunciar a las pantallas por un día no pretende ser un castigo. Es una oportunidad para usted desafiarse a sí mismo a interactuar con la gente de nuevas maneras.

- Haga que sus amigos se involucren en la iniciativa.
- Elija un día que sea realista para estar libre de pantallas.
- Tome algún tiempo para reflexionar sobre su día sin pantallas.

- o ¿Qué observó?
- o ¿Cómo se compara su día sin pantallas a uno en que sí las usaba?
- o ¿Qué pudo notar cuando estaba interactuando cara-a-cara con otros por un día?
- o ¿Qué pudo hacer porque no estaba enfrascado con sus diferentes pantallas?

Basándose en su experiencia de un día sin pantallas, considere la posibilidad de encontrar un fin de semana entero para estar sin pantallas.

¿Necesita ayuda?

Si conoce a alguien que está teniendo problemas con el uso excesivo de las pantallas anímele a hablar, por ejemplo, con sus padres, con un pastor de jóvenes o con un consejero escolar.

Recursos Generales

A continuación, una lista de recursos sugeridos. No se pretende avalar todo o en parte el material que contienen. Nota de la Traductora: Las referencias aquí contenidas provienen de fuentes en inglés.

Sitios Webs/Blogs/Podcasts

"Why Can't You Put Down that Phone?" https://cathmed.org/media - public service videos, https://youtu.be/Thkl8-q2pYc, by Sister Marysia Weber, RSM, DO (2018)

Alliance for Childhood's Critical Look at Computers in Childhood. (http://www.allianceforchildhood.org/fools_gold)

Common Sense Media. (http://commonsensemedia.org)

Campaign for a Commercial-Free Childhood — Every May, schools across the country participate in "National Screen-Free Week" (http://www.screenfree.org)

Internet Live Stats (http://www.internetlivestats.com)

Social Media Use 2018 (http://www.pewinternet.org)

Screenagers Growing Up in the Digital Age (http://www.screenagersmovie.com)

TED Talks on Screen Use:

"Why Screens Make Us Less Happy," Adam Alter (http://ted.com/talks/adam_alter_why_our_screens_make_us_less_happy)

"What You Are Missing While Being a Digital Zombie," Patrik Wincent (http://youtu.be/ TAIxb42FjwE)

"Why We Should Rethink Our Relationship with the Smartphone," Lior Frenkel (http://youtu.be/Pgo65s1R6TM)

"How Social Media Makes Us Unsocial," Allison Graham (http://youtu.be/ d5GecYjy9-Q)

The Art of Manliness podcast series online at http://www.artofmanliness.com/podcast

Ascension Press (http://ascensionpress.com)

Steubenville Mid-America Conference presents Paul J. Kim on elevating social media (https://steubystl365.com/elevated-living-paul-j-kim/)

Libros

How to Break Up with Your Phone, Catherine Price (2018).

Reset Your Child's Brain: A 4-Week Plan to End Meltdowns, Raise Grades and Boost Social Skills by Reversing the Effects of Electronic Screen Time, Victoria Dunckley (2015).

Glow kids: How Screen addiction is hijacking our kids-and how to break the trance by Nicholas Kardara (2016).

Irresistible: The Rise of Addictive Technology and the Business of Keeping Us Hooked, Adam Alter (2018).

iGen: Why Today's Super-Connected Kids are Growing Up Less Rebellious, More Tolerant, Less.

Happy—and Completely Unprepared for Adulthood, Jean M. Twenge, PhD (2017).

The Distracted Mind: Ancient Brains in a High-Tech World, Adam Gassaley and Larry O. Rosen (2016).

The Brain That Changes Itself: Stories of Personal Triumph from the Frontiers of Brain Science, Norman Doidge (2007).

The Craving Mind: From Cigarettes to Smartphones to Love - Why We Get Hooked & How We Can Break Bad Habits, Judson Brewer (2017).

Proust and the Squid: The Story and Science of the Reading Brain, Maryanne Wolf (2007).

Artículos

"Does Your Child Have a Digital Addiction?" Romeo Vitelli Ph.D., Psychology Today, November 23, 2017. (http://www.psychologytoday.com/us/ blog/media-spotlight/201711/does-your-child-have-digital-addiction)

"Do Young Children Need Computers?" Lori Woellhaf, The Montessori Society. (https:// www.montessorisociety.org.uk/Articles/444 1930).

"Phone-addicted Teens Aren't as Happy as Those Who Play Sports and Hang out IRL, New Study Suggests," Sarah Buhr, TechCrunch, Jan 23, 2018, (http://techcrunch.com/2018/01/23/phone-addicted-teens-arent-as-happy-as-those-who-play-sports-and-hang-out-irl-new-study-suggests).

"A Nation of Kids with Gadgets and ADHD," Margaret Rock, Time, July 12, 2013, (http://techland.time.com/2013/07/08/a-nation-of-kids- with-gadgets-and-adhd/).

"Your Smartphone Reduces Your Brainpower, Even If It's Just Sitting There," Robinson Meyer, The Atlantic,

August 2, 2017 (http://www.theatlantic.com/technology/archive/2017/08/a-sitting-phone-gathers-brain-dross/ 535476/7)

"Billionaire Tech Mogul Bill Gates Reveals He Banned His Children from Mobile Phones until They Turned 14," Emily Retter, Mirror, April 21, 2017. (https://www.mirror.co.uk/tech/billionaire-tech-mogul- bill-gates-10265298)

"Have Smartphones Destroyed a Generation?," Jean M. Twenge, The Atlantic, September 2017, (http://www.theatlantic.com/magazine/archive/2017/09/has-the-smartphone-destroyed-a-generation/534198)

"What's Behind Phantom Cell Phone Buzzes?" Daniel J. Kruger, The Conversation, March 16, 2017, (http://www.theconversation.com/whats-behind-phantom-cell phone-buzzes-73829).

"The Binge Breaker: Tristan Harris Believes Silicon Valley Is Addicting us to Our Phones. He's Determined to Make It Stop," Bianca Bosker, The Atlantic, November 2016. (https://www.theatlantic.com/magazine/archive/201 6/11/ the-binge-breaker/501122/)

"How Technology Is Hijacking Your Mind-from a Magician and Google Design Ethicist," Tristan

Harris, Thrive Global. (http://journal.thriveglobal.com/how-technology-hijacks-peoples-minds-from-a-magician-and-google-s-design-ethicist-56d62ef5edf3).

"Reclaiming Our (Real) Lives from Social Media," Nick Bilton, New York Times, July 16, 2014, (http://www.nytimes.com/2014/07/17/fashion/reclaiming-our-real-lives-from-social-media.html)

"Schools that Ban Mobile Phones See Better Academic Result," Jamie Doward, Guardian, May 16, 2015. (http://www.theguardian.com/education/2015/may/16/schools-mobile-phones-academic-results)

"'What's Wrong with Education Cannot Be Fixed by Technology'-The Other Steve Jobs," Tim Carmody, Wired, January 17, 2012. (http://www.wired.com/2012/01/apple-education-jobs/)

"Screen Time v Play Time: What Tech Leaders Won't Let Their Own Kids Do," Amy Fleming, The Guardian, May 23, 2015. (http://www.theguardian.com/technology/2015/may /23/ screen-time-v-play-time-what-tech-leaders-wont-let-their- own-kids-do)

"19 Text Messaging Stats that Will Blow You Away," Teckst. (http://teckst.com/19-text-messaging-stats-that-will-blow- your-mind).

"UH Study Links Facebook Usage to Depressive Symptoms," Mellissa Carroll, University of Houston, April 6, 2015. (http://www.uh.edu/ news-events/stories/2015/April/040415Faceook Study.php)

"Suicide Rates Rise Sharply in U.S.," Tara Parker-Pope, New York Times, May 2, 2013. (http://www.nytimes.com/2013/05/03/health/suicid e- rate-rises-sharply-in-us.html)

"Stress in America: Coping with Change, 10th ed., Stress in America Survey," American Psychological Association, online on February 23, 2017. (https://www.apa.org/news/press/ releases/stress/2017/technology-social-media.pdf).

"A New, More Rigorous Study Confirms: The More You Use Facebook, the Worse You Feel," Holly B. Shakya and Nicholas A. Christakis, Harvard Business Review, April 10, 2017. (https://hbr.org/ 2017/04/a-new-more-rigorous- study-confirms-the-more-you-use-facebook-the-worse-you- feel)

"Facebook's Emotional Consequences: Why Facebook Causes a Decrease in Mood and Why People Still Use It," Christina Sagliogou and Tobias Greitemeyer, Computers in Human Behavior, June 2014, 35:359-363. (https://www. researchgate.net/publication/

261563413_Facebook's_emotional_consequences_Why_Facebook_causes_a_decrease_in_mood_and_why_people_still_use_it).

Investigación Médica

"Gaming Increases Craving to Gaming-Related Stimuli in Individuals with Internet Gaming Disorder," Dong G, et al., Biol. Psychiatry Cogn. Neurosci. Neuroimaging, 2017 Jul; 2(5):404-12.

"Detection of Craving for Gaming in Adolescents with Internet Gaming Disorder Using Multi-modal Biosignals," Kim H., et al., Sensors (Basel), 2018 Jan 1; 18(1):102-114.

"Altered Functional Connectivity of the Insula and Nucleus Accumbens in Internet Gaming Dis-order: A Resting State fMRI Study," Chen, C., et al., Eur. Addict. Res., 2016 Jun; 22(4):192-200.

"An Update on Brain Imaging Studies of Internet Gaming Disorder," Weinstein, A., Frontiers in Psychiatry, 2017 Sep 29; 8:185.

"Abnormal Gray Matter and White Matter Volume in 'Internet Gaming Addicts'," Lin, X., et al., Addict Behav., 2015; 40:137-143.

"Cortical Thickness Abnormalities in Late Adolescence with Online Gaming Addiction," Yuan, K., et al., PLoS One, 2013 Jan; 8(1):e53055.

"Impact of Videogame Play on the Brain's Microstructural Properties: Cross-Sectional and Longitudinal Analyses," Takeuchi, H., et al., Molecular Psychiatry, 2016 Jan 5; 21:1781-1789.

"Brain Connectivity and Psychiatric Comorbidity in Adolescents with Internet Gaming Disorder," Han, D.H., et al., Addiction Biology, 2015 Dec 22;22(3):802-812.

"Abnormal White Matter Integrity in Adolescents with Internet Addiction Disorder: A tract-Based Spatial Statistics Study," Lin, F., et al., PLoS One, 2012 Jan 11; 7(1):e30253.

"Disrupted Brain Functional Network in Internet Addiction Disorder: A Resting-State Functional Magnetic Resonance Imaging Study," Wee, C.Y., et al., PLoS One, 2014 Sep 15; 9(9):e107306.

"Time Period and Birth Cohort Differences in Depressive Symptoms in the U.S., 1982-2013," Twenge, J.M., Social Indicators Research, 2015 Apr; 121(2):437-454.

"The Role of Compulsive Texting in Adolescents' Academic Functioning," Lister-Landman, K.M., et al.

Psychology of Popular Media Culture, 2017 Oct 5; 6(4):311-325.

"Problematic Smartphone Use and Relations with Negative Affect, Fear of Missing Out, and Fear of Negative and Positive Evaluation," Wolniewicz CA, et al., Psychiatry Res. 2018 Apr; 262:618-623.

"Children's Environmental Health in the Digital Era: Understanding Early Screen Exposure as a Preventable Risk Factor for Obesity and Sleep Disorders," Wolf C, et al., Children (Basel), 2018 Feb 23; 5(2).

"Sleep Quality as a Mediator of Problematic Smartphone Use and Clinical Health Symptoms," Xie, X., et al., J. Behav. Addict., 2018 Jan 1; 7(2): 466-472.

"Sleep Problems and Internet Addiction Among Children and Adolescents: A Longitudinal Study," Chen, Y.L. and S.S. Gau, J. Sleep Res., 2016 Aug; 25(4):458-465.

"The Association Between Social Media Use and Sleep Disturbance Among Young Adults," Levenson, J.C., et al., Prev. Med., 2016 Apr; 85:36-41.

"Effects of Internet and Smartphone Addictions on Depression and Anxiety Based on Propensity Score Matching Analysis," Kim, Y.J., et al., Int. J. Environ. Res. Public Health, 2018 Apr 25; 15(5).

"Sleep Habits and Pattern in 1-14 Years Old Children and Relationship with Video Device Use and Evening Use and Night Child Activities," Brambilla, P., et al., Ital. J. Pediatr. 2017 Jan 13; 43(1):7.

"Adolescent Sexting Research: The Challenges Ahead," Van Ouytsel, J., et al., JAMA Pediatr. 2018 May 1; 172(5):405-406.

"The Effect of Online Violent Video Games on Levels of Aggression," Hollingdale, J. and T. Greitemeyer, PLoS One, 2014 Nov 12; 9(11): e111790.

"Too Many 'Friends,' Too Few 'Likes'? Evolutionary Psychology and 'Facebook Depression'," Blease, C.R., Review of General Psychology, 2015; 9(1): 1-13.

"Association of Facebook Use with Compromised Well-Being: A Longitudinal Study," Shakya, H.B. and N.A. Christakis, Am. J. Epidemiol., 2017 Feb 1;185(3): 203-211.

"Craving Facebook? Behavioral Addiction to Online Social Networking and Its Association with Emotional Regulation Deficits," Hormes, J.M., et al., Addiction, 2014 Dec; 109(12): 2079-2088.

SOBRE LA AUTORA

Sor Marysia Weber, RSM, DO, MA es una religiosa de la Orden Hermanas de la Misericordia de Alma, Michigan. Es médica, certificada en psiquia-tría con una beca en Psiquiatría de Consulta y Enlace, y se capacitó en la Clínica Mayo de Rochester, Minnesota. También tiene una Maestría en Teología de la Universidad de Notre Dame, South Bend, Indiana. Ejerció la psiquiatría en la clínica médica multidisciplinaria de su instituto religioso, Sacred Heart Mercy Care Center en Alma, Michigan de 1988 a 2014. Se convirtió en la Directora de Vida Consagrada para la Arquidiócesis de San Luis en 2014.

Actualmente es miembro de la Junta de Revisión de la Arquidiócesis de San Luis, del Comité de Seguridad Infantil. Es facilitadora del Proyecto Raquel, es miembro de la Junta Ejecutiva de la Asociación Médica Católica, Capítulo de San Luis y del Instituto para el Encuentro Teológico con la Ciencia y la Tecnología. También es instructora clínica adjunta en el Departamento de Psiquiatría de la Facultad de Medicina de la Universidad de Washington, en San Luis, Missouri.

Sor Marysia ofrece talleres sobre diversos temas, como el apego humano, los límites y el desarrollo del carácter, la depresión y la ansiedad, el diálogo y la resolución, así como sobre los medios de comuni- cación social y sus efectos en el cerebro para el clero, seminaristas, comunidades religiosas para hombres y mujeres, padres, maestros y estudiantes. Es forma-dora en su propia comunidad religiosa. Presenta sobre la adicción a la pornografía en Internet—un enfoque católico del tratamiento a obispos, clérigos, seminaristas, comunidades religiosas, y laicos en todo los Estados Unidos y Europa. Presentó a los Obispos de los Estados Unidos, en Dallas, Texas, en 1992, el tema "Pedofilia y Otras Adicciones". Fue miembro del Comité Ad Hoc de la Conferencia de Obispos Católicos de Estados Unidos (USCCB) sobre abusos sexuales de 1994-1995.

Sor Marysia ha presentado a la Curia del Estado de la Ciudad del Vaticano el tema "Abuso sexual de menores por parte del Clero en Norteamérica" en 2002. Ha actuado como consultora experta en psicología para la Secretaría del Clero, Vida Consagrada y Vocaciones, de la USCCB. Entre sus publicaciones se encuentran "Medical Aspects of Addiction"; "The Roman Catholic Church Sexual Abuse of Minors by Priests and Religious in the United States and Canada: What Have We Learned? Where Are We Going?"; "Pornography, Electronic Media and Priestly Formation"; Sus publicaciones en Seminary Journal incluyen: "Significant Markers of Human

Maturation Applied to the Selection and Formation of Seminarians"; "The Discernment of a Priestly Vocation and the Expertise of Psychiatry and Psychology"; e "Internet Pornography and Priestly Formation: Medium and Content Collide With the Human Brain". Su libro *The Art of Accompaniment: Practical Steps for the Seminary Formator* (En Route Books and Media, 2018) está a la venta en junto con *Adicción a la Pantalla: Por Qué no Puedes Colgar ese Teléfono*. Su capítulo "Directrices para el formador de seminaristas encaminado a entender y evaluar los niveles de preocupación por el uso de pornografia en Internet y un proceso formativo para reemplazar el vicio por la virtud" en *Esposos Espirituales – Padres Espirituales: Formación de Sacerdotes en el Siglo Veintiuno*. También ha producido un breve vídeo sobre "Adicción a la Pantalla," disponible al público en http://cathmed.org/videos.

Made in United States
Cleveland, OH
06 November 2026

47618823R00135